P. PERRIN

Déposé à la Sous-Préfecture
de Vienne le 25 avril 1906

ATLAS-CAHIER

d'Enseignement Scientifique

A L'ÉCOLE PRIMAIRE

VIENNE
OGERET & MARTIN, IMPRIMEURS
12 et 12 bis, place du Palais

—

1906
(Tous droits réservés)

ATLAS-CAHIER

POUR SERVIR A L'ENSEIGNEMENT

des Sciences Physiques et Naturelles

ET LEURS APPLICATIONS USUELLES

A L'ÉCOLE PRIMAIRE

PAR

P. PERRIN

Professeur de Sciences en retraite, Officier d'Académie

ANCIEN ÉLÈVE D'ÉCOLE NORMALE PRIMAIRE

Appartenant à l'Élève.

Prix: 1 franc.

EN VENTE CHEZ L'AUTEUR : **Rue Teste du Bailler, 13, VIENNE (Isère)**

—✸—

VIENNE

OGERET & MARTIN, IMPRIMEURS-EDITEURS

12 et 12 bis, place du Palais

—

1906

PRÉFACE

Il est admis sans conteste que notre enseignement élémentaire des sciences physiques et naturelles doit être aussi expérimental et aussi concret que possible. Dans ce but, l'Instituteur réunit des matériaux en nature, se fait un petit attirail à expériences, couvre de tableaux les murs de sa classe, esquisse force figures au tableau noir et met, entre les mains de ses élèves, des livres copieusement illustrés. En un mot, d'une part, il montre des objets matériels et de l'autre, il se sert encore plus souvent de leur figuration.

Or les divers procédés de figuration, tels qu'ils sont appliqués généralement, donnent-ils tous les résultats désirables ? Nous ne le pensons pas : c'est pour en combler les défectuosités et en tirer un maximum de profit que nous avons entrepris ce travail.

Dans notre esprit, il doit être un complément des Manuels scientifiques, comme en géographie, les cartes sont le complément des textes géographiques. C'est-à-dire qu'il doit être considéré non comme un album de gravures qu'on abandonne à la libre et capricieuse observation des élèves, mais comme un recueil de figures d'enseignement destinées à être étudiées méthodiquement.

Ces figures sont groupées en tableaux formant un cahier. Elles n'ont pas été empruntées de-ci de-là, ni dessinées avec la perfection qu'y aurait apportée un artiste graveur, mais composées ou arrangées par un professeur de sciences dont le principal souci a été d'être clair avec des élèves de 10 à 12 ans. — Chaque tableau porte un titre général et chaque figure, le sien propre ; mais dans leurs détails les figures sont muettes ou demi-muettes et des traits de raccord, convenablement placés, indiquent les parties qui doivent être nommées ou expliquées. Voici d'ailleurs, — ce qui montrera mieux le pourquoi de cette disposition, — comment on pourra, selon nous, se servir de l'Atlas-Cahier.

Le Maître expose sa leçon, les Élèves ayant l'Atlas ouvert sous leurs yeux. Il commente les figures, attire l'attention sur ce qu'elles représentent de caractéristique ou d'important et il reproduit au tableau noir celle qu'il juge utile de l'être. Ensuite il donne, comme devoir à écrire la légende explicative du tableau étudié en regard des traits de raccord. Et, lorsqu'il interrogera ses élèves sur la leçon précédente, il exigera d'eux autant que possible, le tracé de la craie des figures qui s'y rapportent.

Toutefois cette façon de procéder ne doit rien avoir d'absolu. Suivant la force de ses élèves, le contenu du livre suivi, le caractère particulier qu'il veut donner à son enseignement, le Maître commentera le tableau soit avant soit après la leçon ; il dictera les notes explicatives ou les fera formuler par les élèves eux-mêmes ; il ajoutera des figures ou il en négligera. En résumé, la meilleure méthode sera, pour chaque maître, celle qu'il saura le mieux adapter aux circonstances et à son milieu scolaire (1).

Quant aux pages de droite, les rectos, on saura toujours les utiliser pour des résumés de leçons, de rédactions sur figures, des comptes rendus d'expériences, etc.

Ainsi compris, l'Atlas-Cahier fournira aux Élèves des tableaux qu'ils pourront voir de près et étudier à loisir. Les Maîtres y trouveront un outil nouveau, un complément à leur matériel d'enseignement susceptible de rendre l'étude des sciences physiques et naturelles plus facile, plus intéressante et plus précise. Ils y trouveront aussi, — avantage le plus précieux, à notre avis, — *un moyen d'obliger les Élèves à examiner attentivement les figures*. Enfin il sera une ressource particulière pour appliquer la méthode si féconde de la figuration. N'est-il pas vrai, en effet, que souvent le dessin d'un objet est plus avantageux que l'objet même, parce qu'il permet de faire des coupes à volonté, de schématiser les choses compliquées et de grossir autant qu'on le veut celles qui sont très petites ?

Si notre but est atteint, une bonne part du mérite en reviendra à M. RESTOUIN, inspecteur primaire à Vienne, qui a bien voulu, par ses judicieux avis, nous faire bénéficier de sa haute compétence : ce dont nous lui adressons nos sincères remerciements.

P. PERRIN.

(1) *Dans l'édition pour les Maîtres, se trouvent les légendes explicatives des tableaux, l'indication du matériel utile pour chaque leçon, les expériences à réaliser, des sujets de devoirs, des réflexions pédagogiques.*

ORDRE DES TABLEAUX

Fig. 1. — Coupe de la terre par son centre.

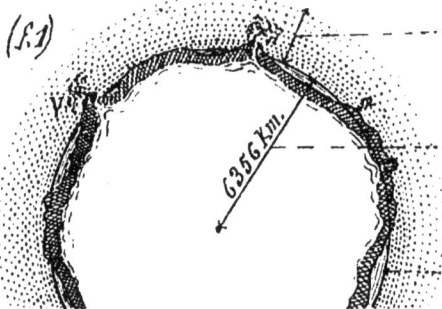

Fig. 2. — Pistolet à air d'enfant.

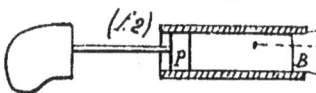

Fig. 3. — Expérience montrant les deux courants d'air dans une fenêtre.

Fig 4. — Comment on isole l'azote de l'air en brûlant du phosphore.

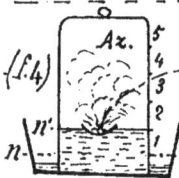

Fig. 5. — Comment on obtient l'oxygène avec chlorate de potasse.

Fig 6. — Expérience de Lavoisier montrant que le mercure peut se combiner avec l'oxygène de l'air en contact.

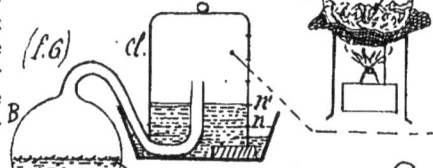

Fig 7. — Expérience inverse décomposition des pellicules rouges de mercure.

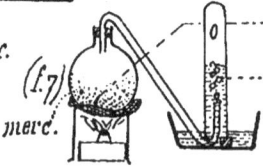

Comment l'eau circule dans la nature.

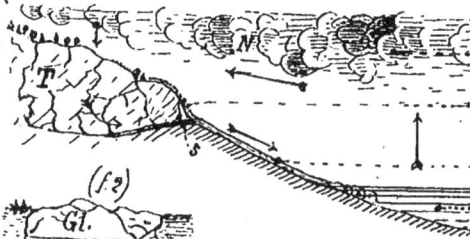

Fig. 2. — Glaçon flottant sur l'eau.

Fig. 3. — Comment on peut recueillir les gaz dissous dans l'eau.

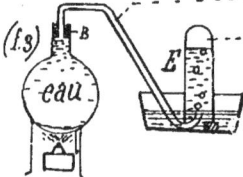

Fig 4. — Cristaux de neige.

Fig. 5 — Appareil à distiller.

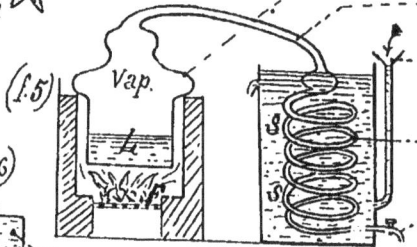

Fig 6. — Filtre à porcelaine (Chamberland).

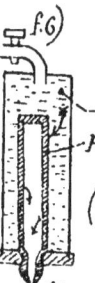

Fig 7 — Filtre à charbon

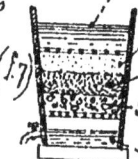

Fig. 8. — Préparation de l'hydrogène avec le zinc et un acide.

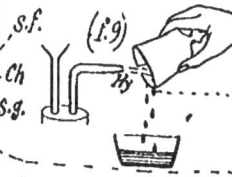

Fig 9. — L'hydrogène brûle.

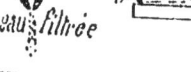

Fig. 10 — Drains en tuyaux et en cailloux.

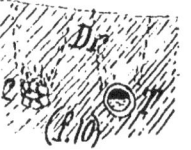

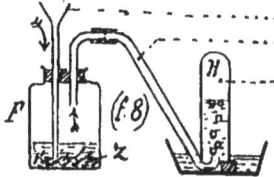

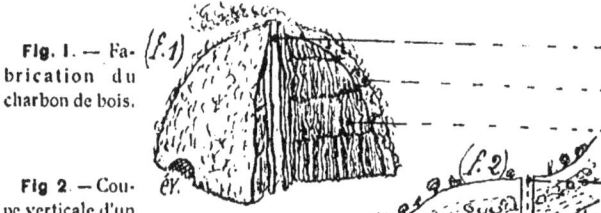

Fig. 1. — Fabrication du charbon de bois.

(f.1)

Fig 2 — Coupe verticale d'un terrain houiller.

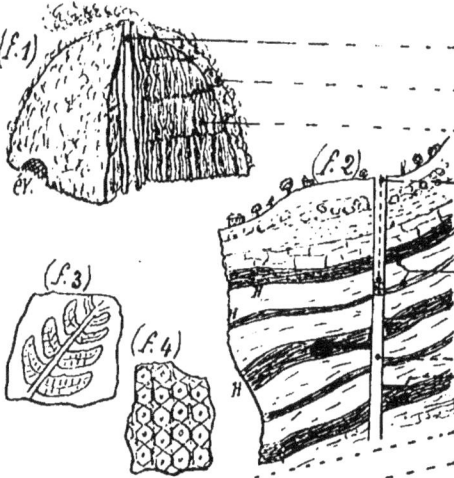

(f.2)

Fig 3, 4 — Empreintes des végétaux de la houille.

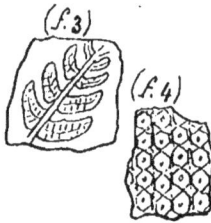

(f.3)

(f.4)

H

Fig 5. — Schéma d'une usine à gaz.

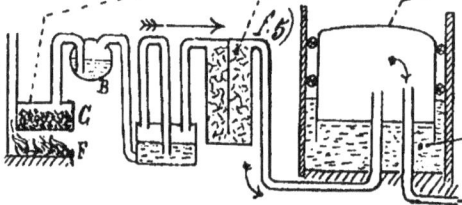

(f.5)

B

C

F

Fig. 6 — Préparation de l'acide carbonique.

(f.6)

Fig. 7, 7'. — Poële avec sa clé ouverte.

T

B

E

(f.7)

acide ca.

Fig. 8, 8'. — Poële avec sa clé fermée.

Craie + acide

8'

(f.8)

oxyde de c

Fig. 9. — Lampe électrique à incandescence.

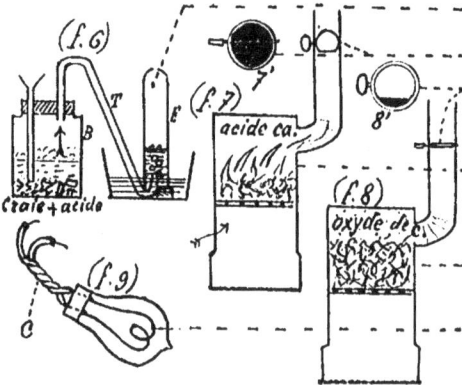

(f.9)

C

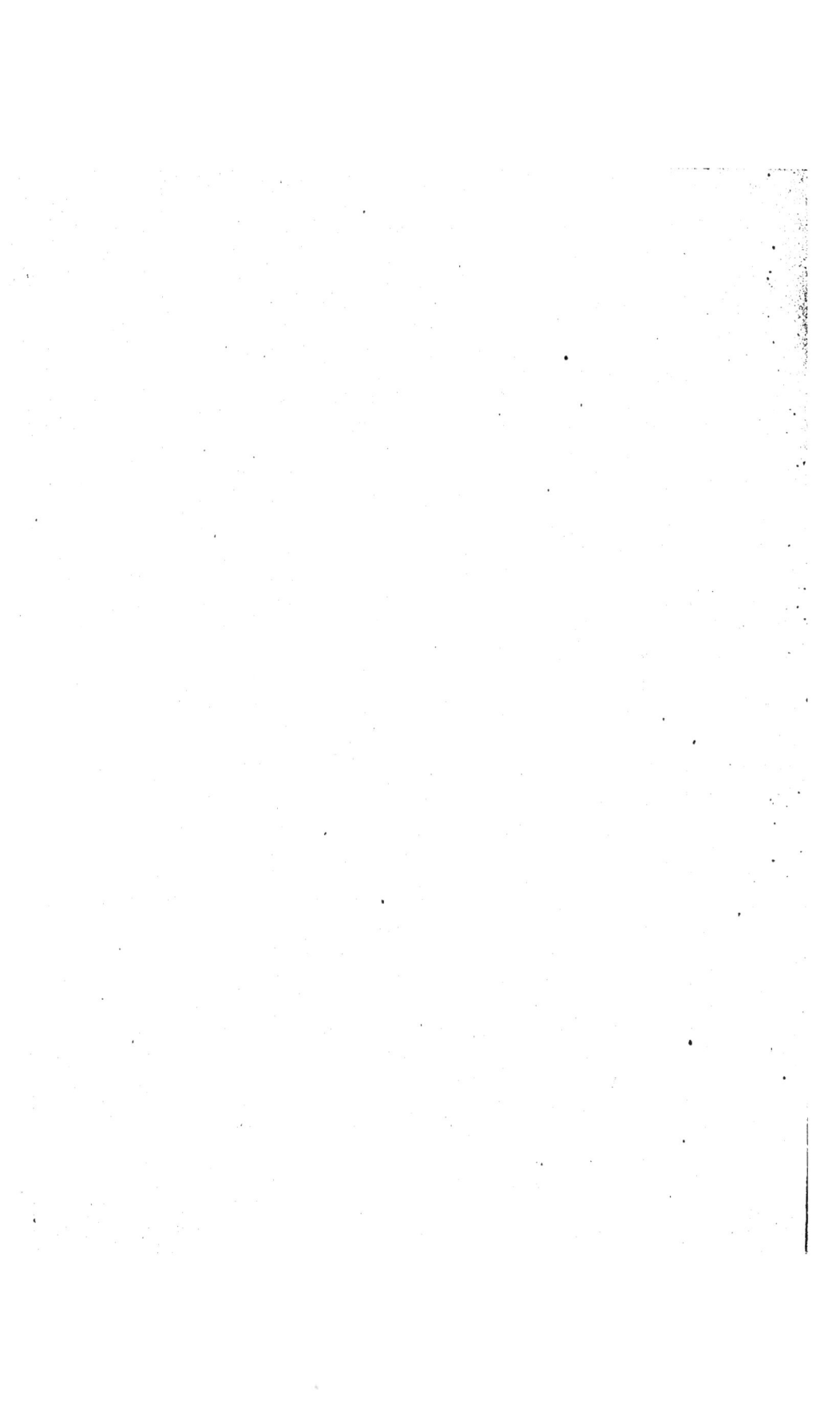

Fig. 1. — Coupe d'un terrain à roche calcaire.

Fig. 2. — Calcaire coquillier.

Fig 3. — Marbre.

Fig 4. — Craie taillée.

Fig. 5 — Four à chaux.

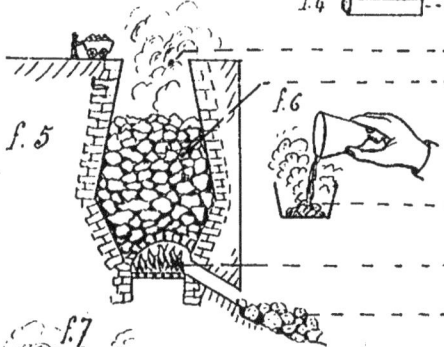

Fig 6. — Action de l'eau sur la chaux vive.

Fig. 7. — Four à plâtre.

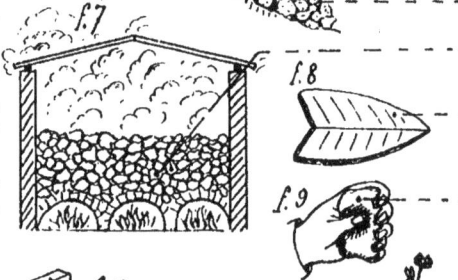

Fig. 8 — Gypse ou pierre à plâtre cristallisée.

Fig 9. — Le plâtre peut être pétri à la main.

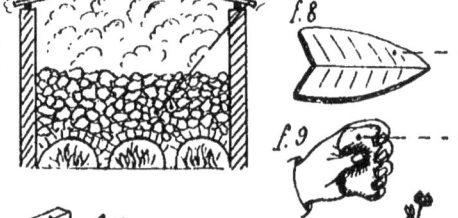

Fig. 10. — Moulage.

Fig. 11. — Effet du plâtre sur le trèfle.

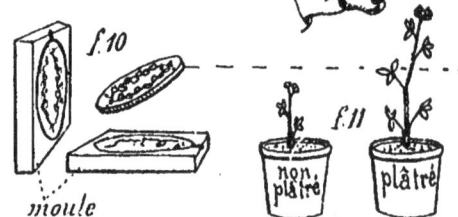

f. 1

f. 2

f. 3

f. 4

f. 5

f. 6

f. 7

f. 8

f. 9

f. 10

moule

f. 11

non plâtré

plâtré

Fig. 1. — Platine de l'ancien fusil à pierre.

Fig. 2. — Agate.

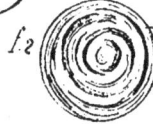

Fig 3 — Cristal de roche.

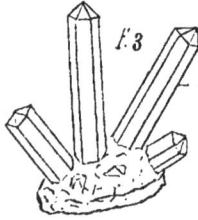

Fig. 4 — Granit.

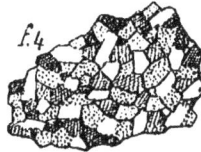

Fig 5 — Porphyre.

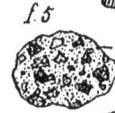

Fig. 6 — Meule de moulin en meulière.

Fig. 7. - Meule du rémouleur.

Fig. 9. — Pot-au-feu.

Fig. 10. — vase d'ornement

Fig 11. — Le verrier et sa canne.

Fig. 8. — Le potier et son tour.

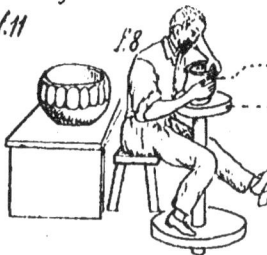

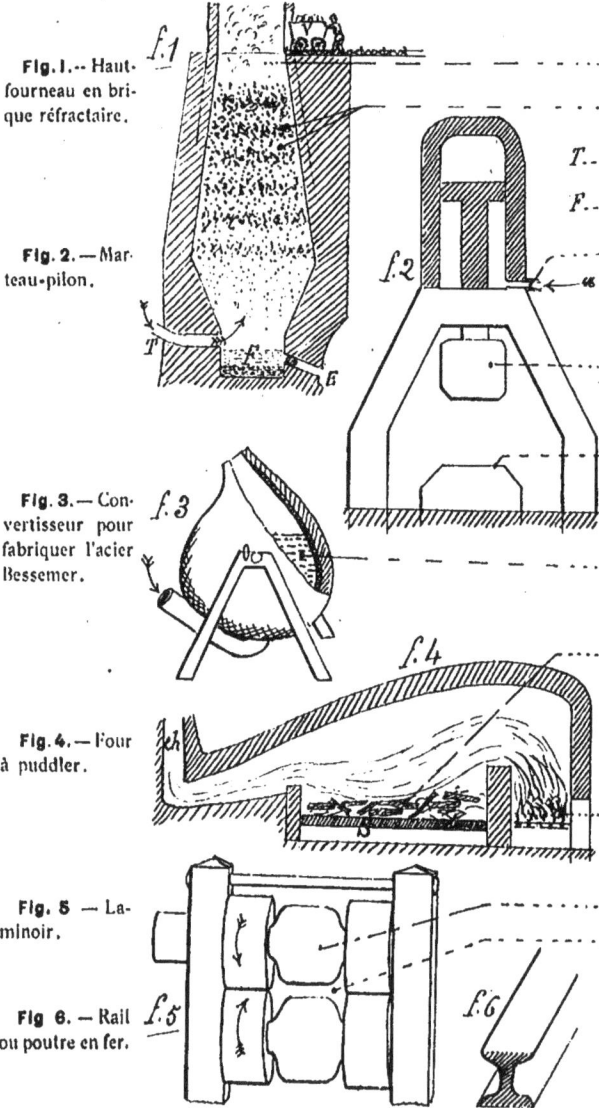

Fig. 1. -- Haut-
fourneau en bri-
que réfractaire.

Fig. 2. — Mar-
teau-pilon.

Fig. 3. — Con-
vertisseur pour
fabriquer l'acier
Bessemer.

Fig. 4. — Four
à puddler.

Fig. 5 — La-
minoir.

Fig 6. — Rail
ou poutre en fer.

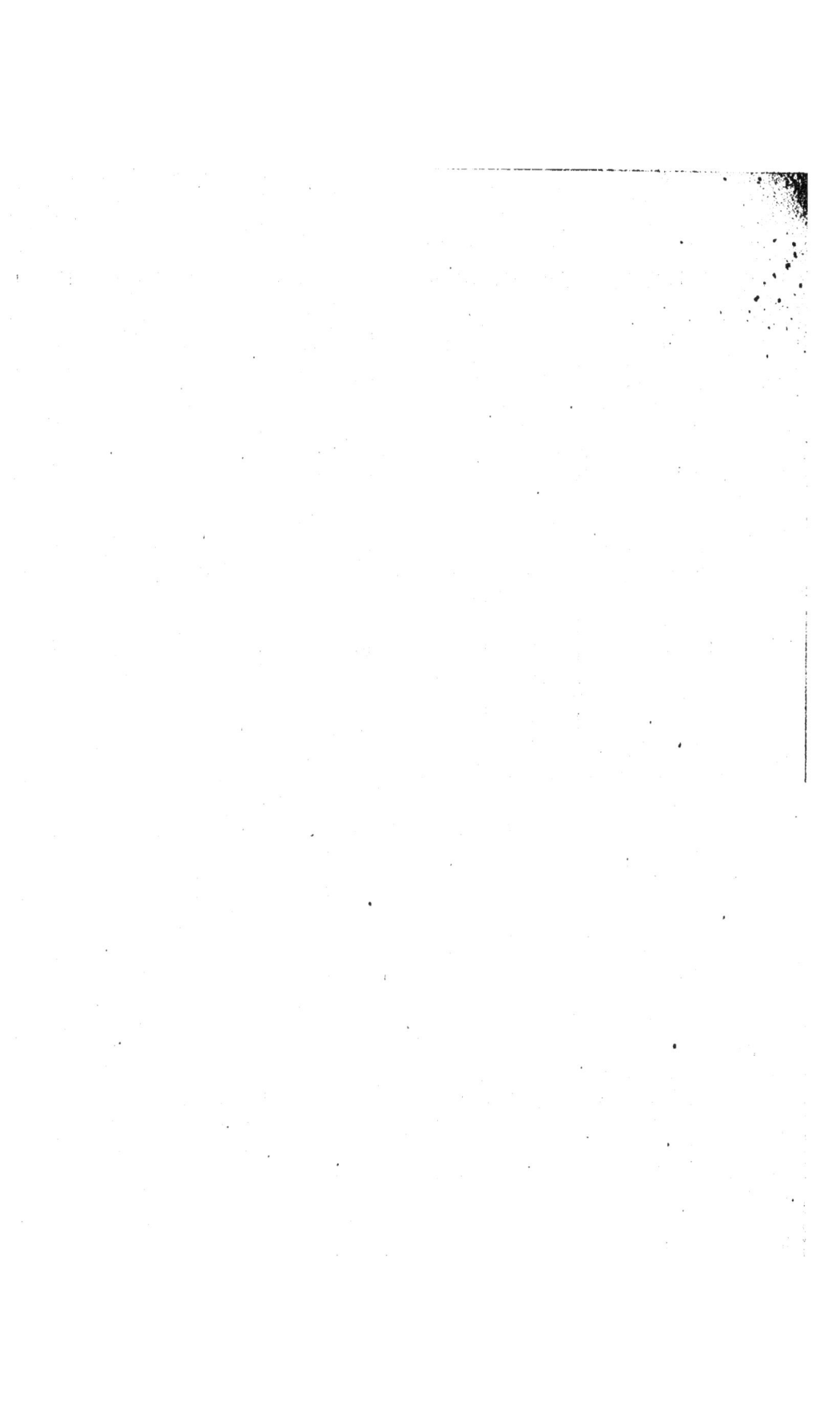

Fig. I. — Ballon et tube en verre pour montrer la dilatation des gaz et des liquides.

Fig. 2. — Tube thermométrique.

Fig 3 — Thermomètre sur sa planchette.

Fig. 4 — Dilatation d'une barre de fer.

Fig 5, 6 — Roue avant et après le ferrage.

Fig. 8 — Pour montrer le vide laissé entre les bouts de 2 rails.

Fig. 9. - Effets d'une toile métallique sur une flamme.

Fig. 10. — Lampe des mineurs.

Fig. 11, 12, 13. — Outils à manche en bois.

Fig. 14. — Conservation de la chaleur.

Fig. 15. — Glacière.

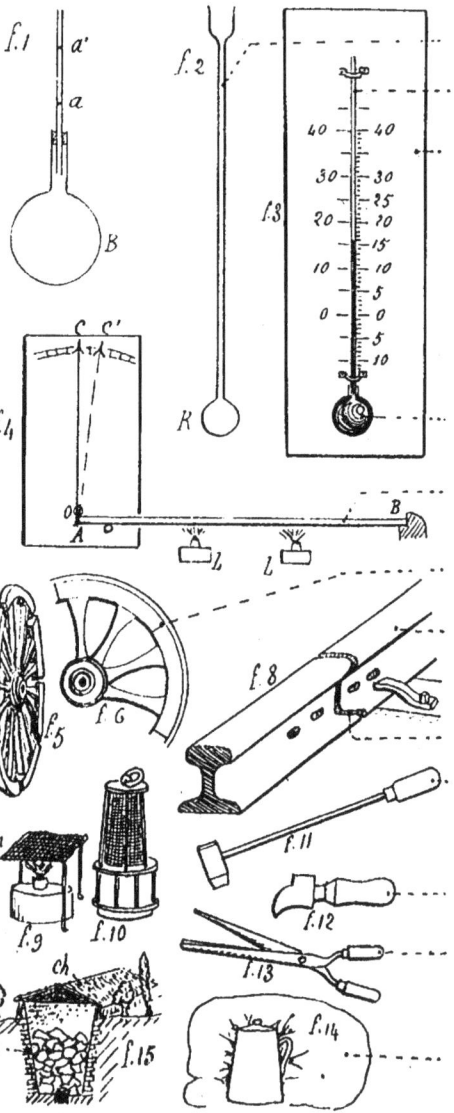

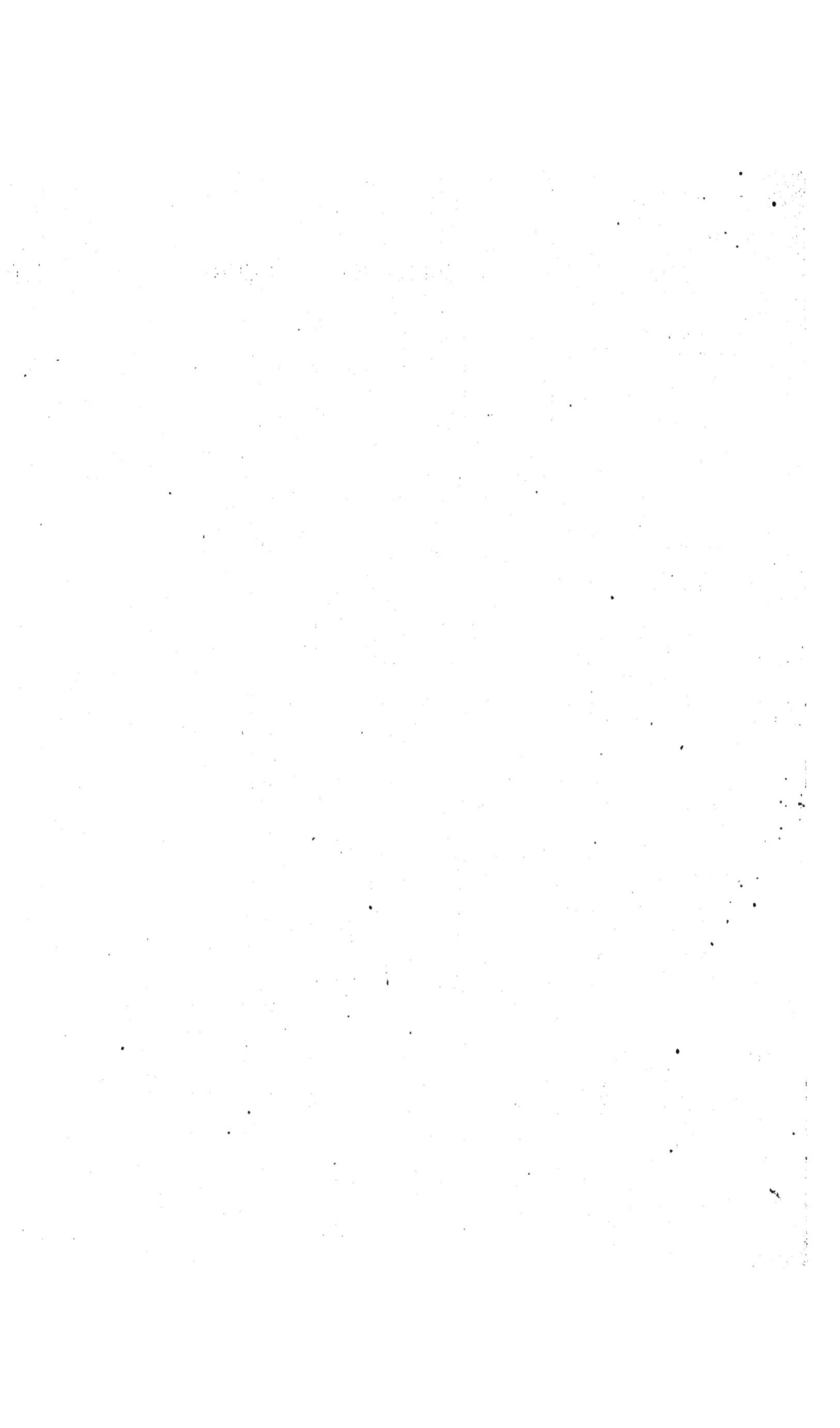

Fig. 1. — Propagation et réflexion de la lumière.

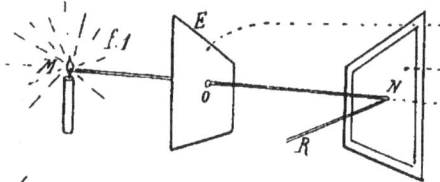

Fig. 2. — Loi de la réflexion et formation de l'image sur un miroir plan.

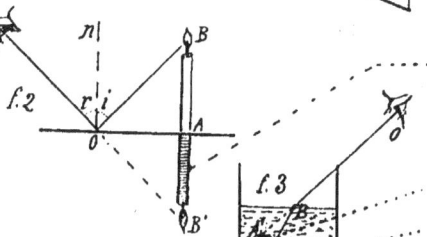

Fig. 3. — Réfraction dans l'eau.

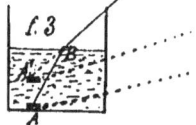

Fig. 4. — Décomposition de la lumière par un prisme en verre.

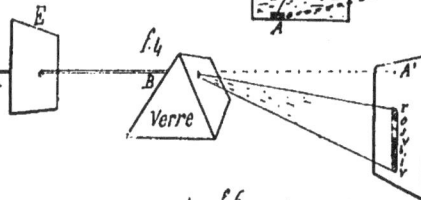

Fig. 5 — Influence de la couleur sur la température.

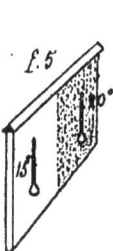

Fig 6, 7. — Influence de l'air emprisonné par les vêtements.

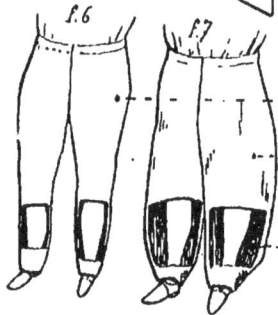

Fig. 8. — Chicorée liée.

Fig. 9. — Effet de la chaleur obscure dans les semis sur couche.

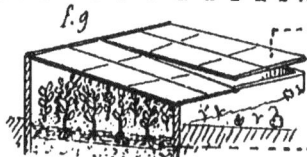

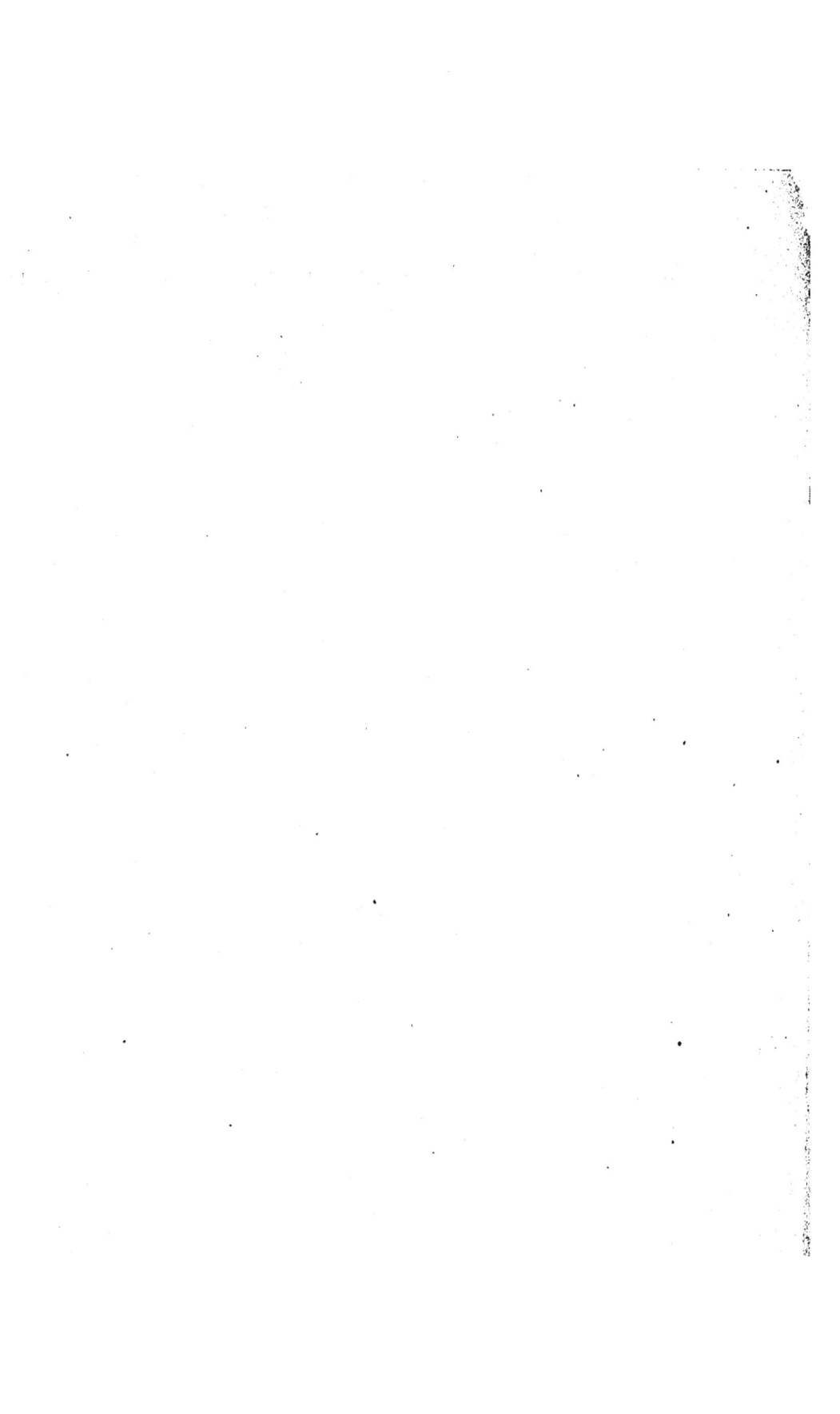

Fig. 1. — Détermination de la verticale au moyen du fil à plomb.

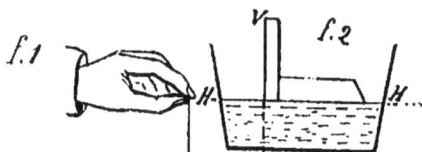

Fig 2 — Déterminat⁰ⁿ d'une verticale et d'une horizontale au moyen d'une équerre appuyée sur l'eau.

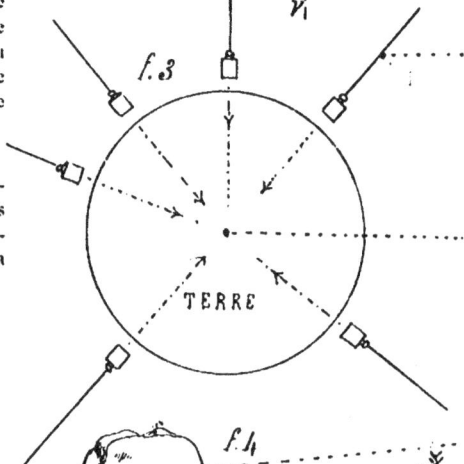

Fig 3 — Direction des fils à plomb aux divers points de la terre.

f. 1

f. 2

f. 3

TERRE

Fig. 4, 5, 6 — Leviers :

A. Point d'appui.

P. Point où agit la puissance.

R. Point où agit la résistance.

f. 4

f. 5

f. 6

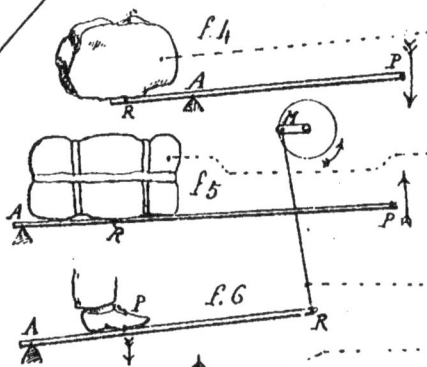

Fig. 7. — Balance ordinaire.

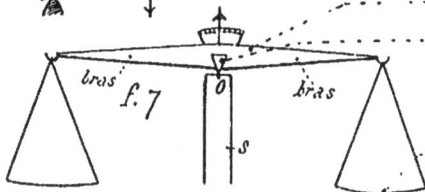

f. 7

bras   bras

Fig. 1. — Coupe verticale d'un terrain dont les couches permettent l'établissement d'un puits artésien.

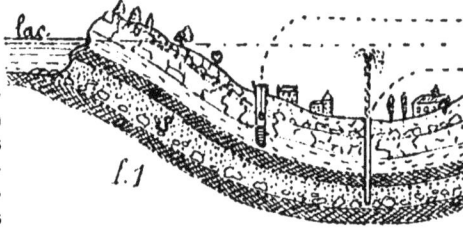

f.1

lac

Fig. 2. — Niveau d'eau ordinaire.

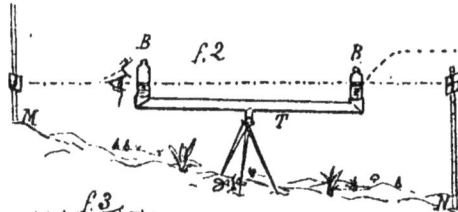

f.2

B   B

M   T   N

Canal à écluses:

Fig. 3. — Plan horizontal.

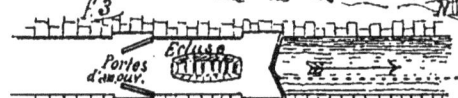

f.3

Portes d'amont   Écluse

Fig. 4. — Coupe verticale et longitudinale.

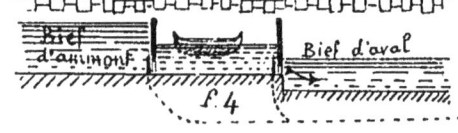

Bief d'amont   Bief d'aval

f.4

Fig. 5 — Presse hydraulique.

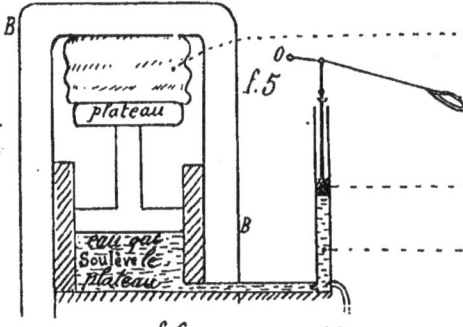

B

O

f.5

plateau

B

eau qui soulève le plateau

Fig 6, 7. — Vérification du principe d'Archimède.

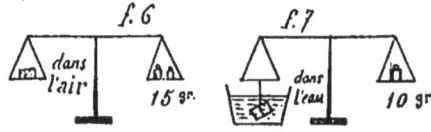

f.6   *f.7*

dans l'air   15 gr.   dont l'eau   10 gr.

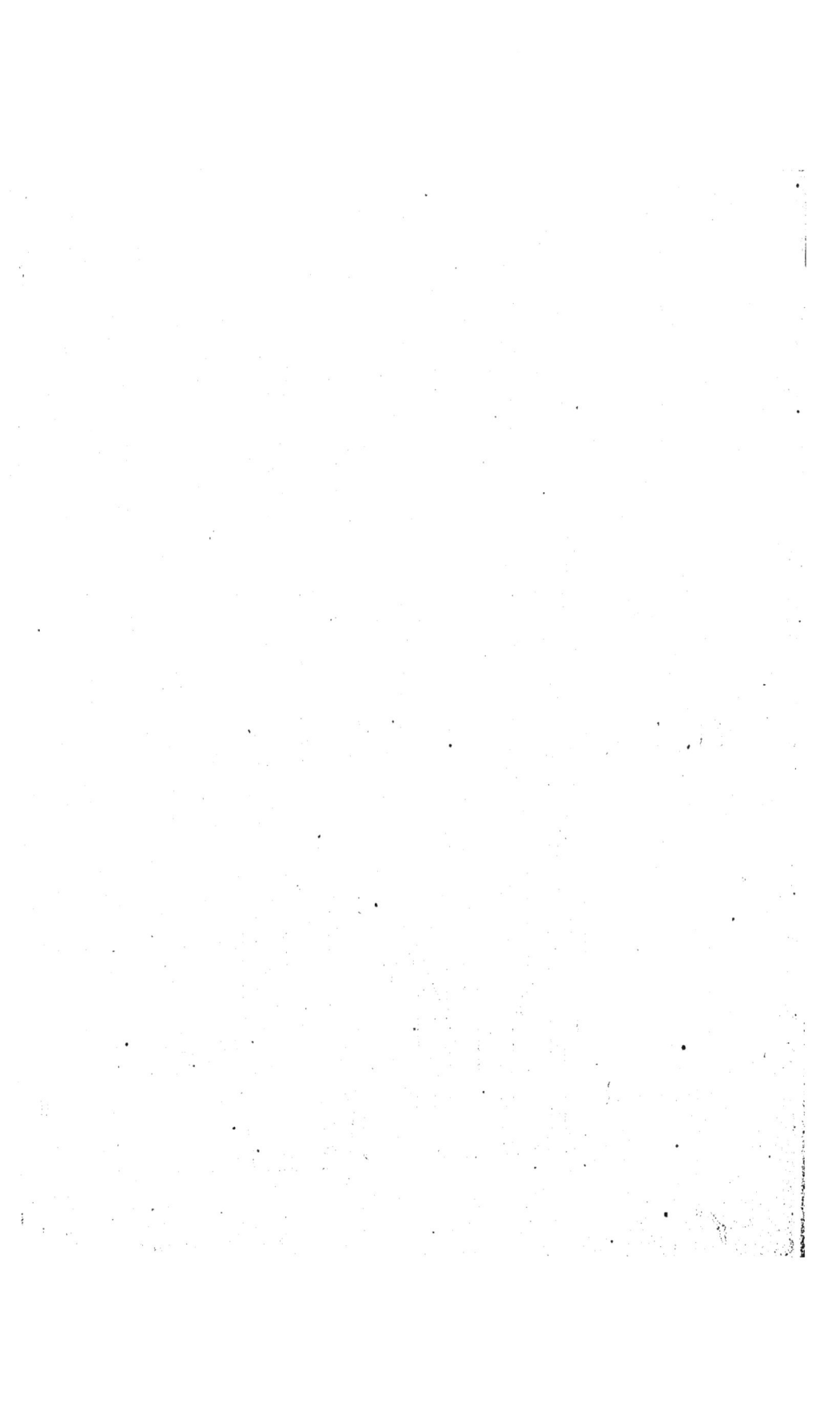

Fig. 1. — Tube rempli d'eau.

Fig. 2. — Le même renversé sur l'eau.

Fig 3 — Même expérience faite avec du mercure, (Expérience de Torricelli).

Fig. 4. — Baromètre à mercure et à cuvette.

Fig. 5. — Baromètre à siphon et à cadran.

Fig. 6 — Baromètre métallique.

Fig. 7 — Pompe aspirante.

Fig. 8. — Pompe foulante.
A B. Corps de pompe.

Fig. 9. — Siphon.

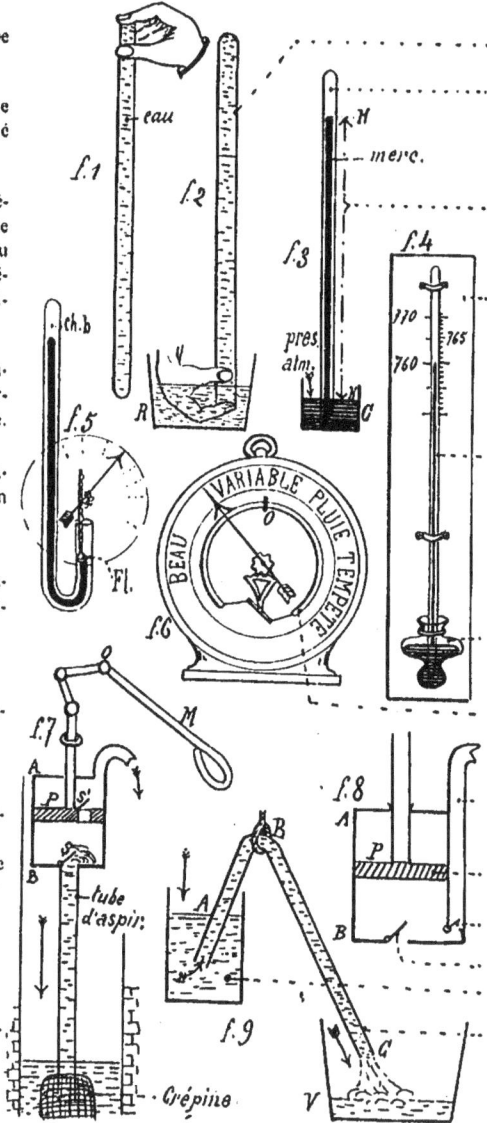

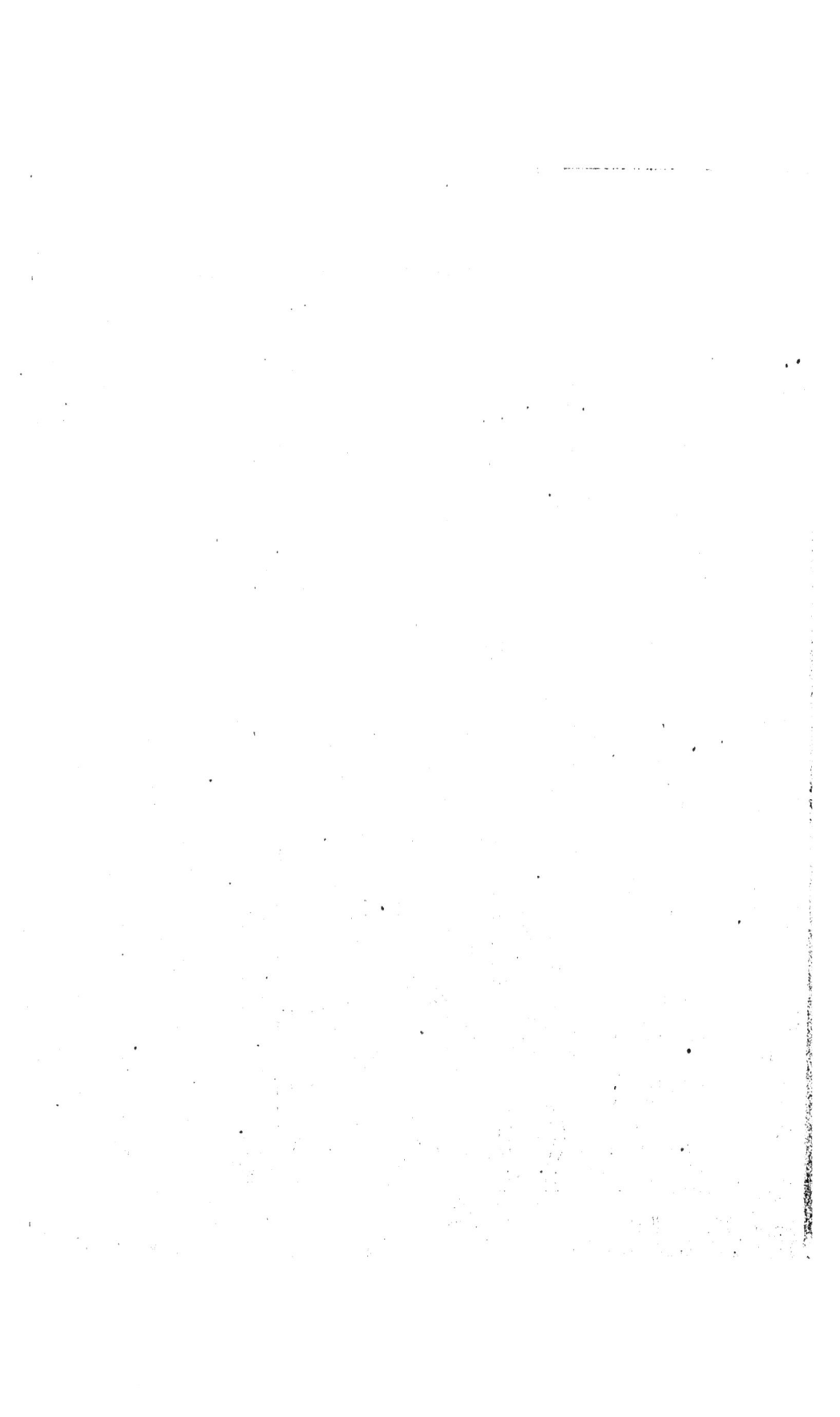

Fig. 1. — Électrisation du verre par frottement.

Fig. 2. — Pendule électrique.

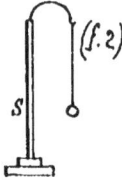

Fig 3. — Machine électrique (Ramsden).

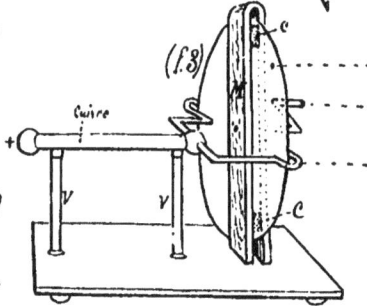

A et B. Pièces de cuivre électrisées par influence.

V. Pieds en verre.

Fig 7. — Nuages.

Fig 8. — Edifice avec paratonnerre.

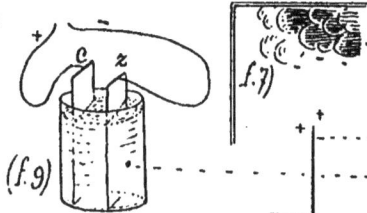

Fig. 9. — Pile électrique.

Fig. 10. — Pile à trois éléments.

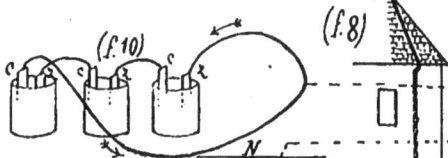

Fig 12. — Pierre d'aimant portant de la limaille de fer.

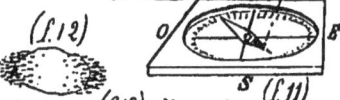

Fig. 11. Boussole influencée par un courant.

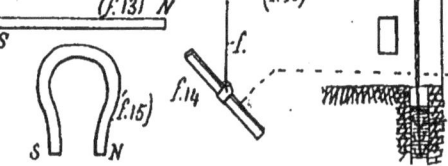

Fig. 13, 14, 15 — Barreaux de fer aimantés.

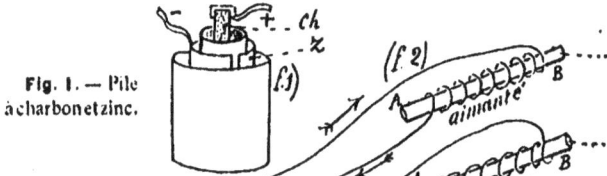

Fig. 1. — Pile à charbon et zinc.

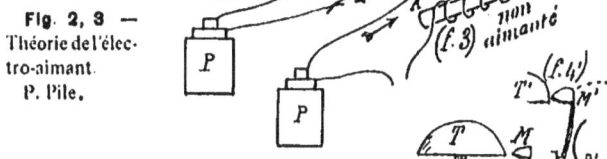

Fig. 2, 3 — Théorie de l'électro-aimant. P. Pile.

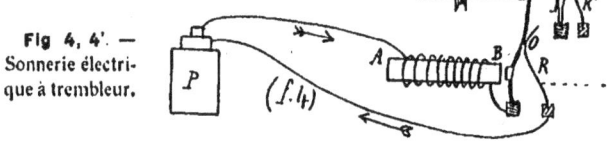

Fig 4, 4'. — Sonnerie électrique à trembleur.

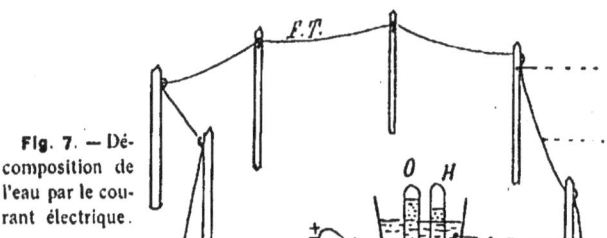

Fig. 7. — Décomposition de l'eau par le courant électrique.

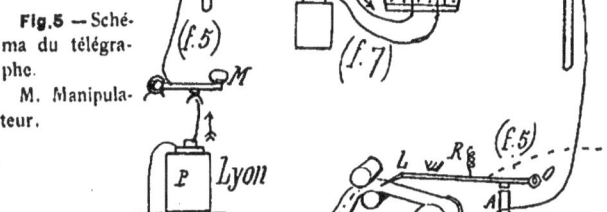

Fig.5 — Schéma du télégraphe. M. Manipulateur.

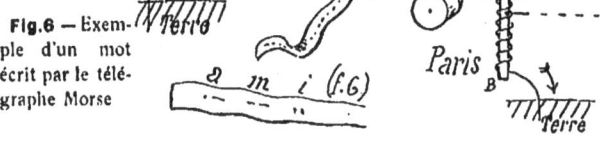

Fig.6 — Exemple d'un mot écrit par le télégraphe Morse

Fig. I. — Appareil digestif.

Fig. 2. — Coupe en long d'une dent.

Fig. 3. — Carie dentaire

Fig 4. — Foie normal.

Fig. 5. — Foie d'un alcoolique.

Fig. 6. — Morceau de porc ladre.

Fig. 7. — Estomac dilaté.

Fig. 8. — Ténia ou ver soli-

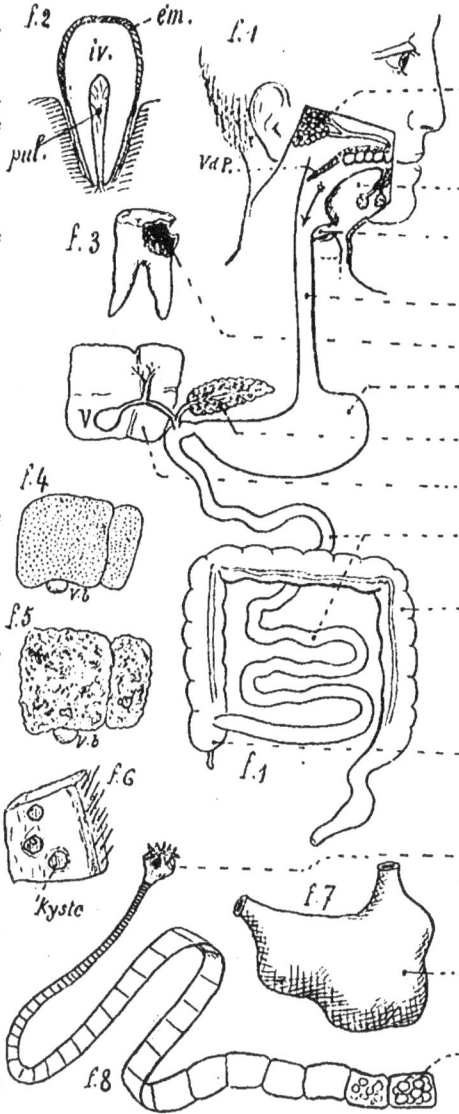

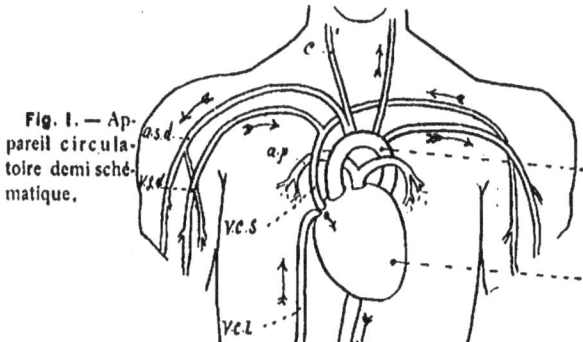

Fig. 1. — Appareil circulatoire demi schématique.

Fig 3 — Schéma de l'appareil circulatoire entier.

Fig 2. — Coupe du cœur (vu de face) de haut en bas.

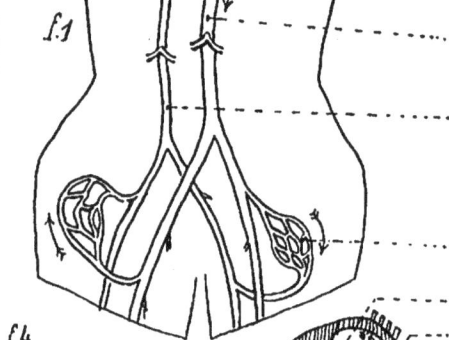

Fig. 4 — Globules rouges du sang.

Fig. 5. — Coagulation du sang

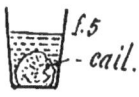

Fig. 6 — Défibrination du sang.

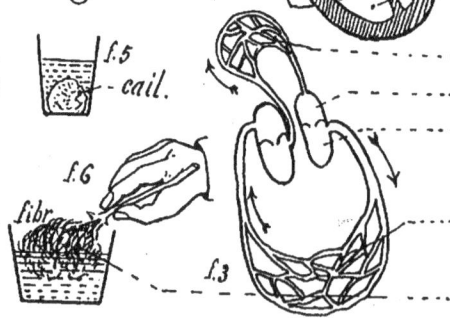

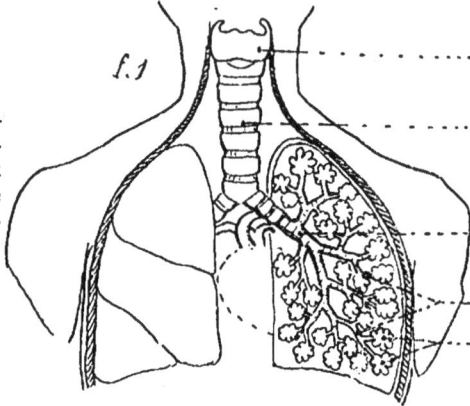

Fig. 1. — Appareil respiratoire. Poumon droit entier, le gauche en coupe et simplifié.

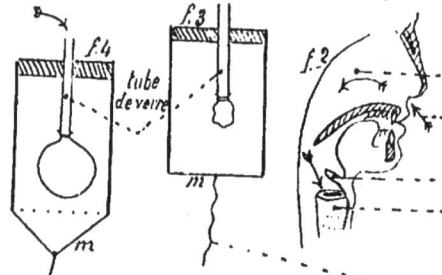

Fig. 2. — Passage de l'air dans la respiration.

Fig. 3, 4. — Expérience expliquant le mécanisme de la respiration.

Fig. 5. — Jeu du soufflet.

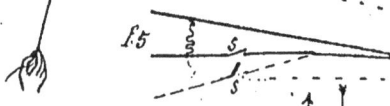

Fig. 6. — Appareil sécréteur de l'urine.

Fig. 7. — La peau.

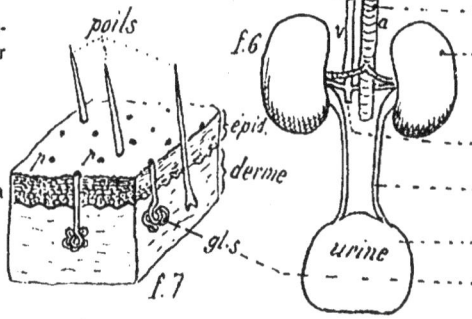

poils

épid.

derme

gl. s

urine

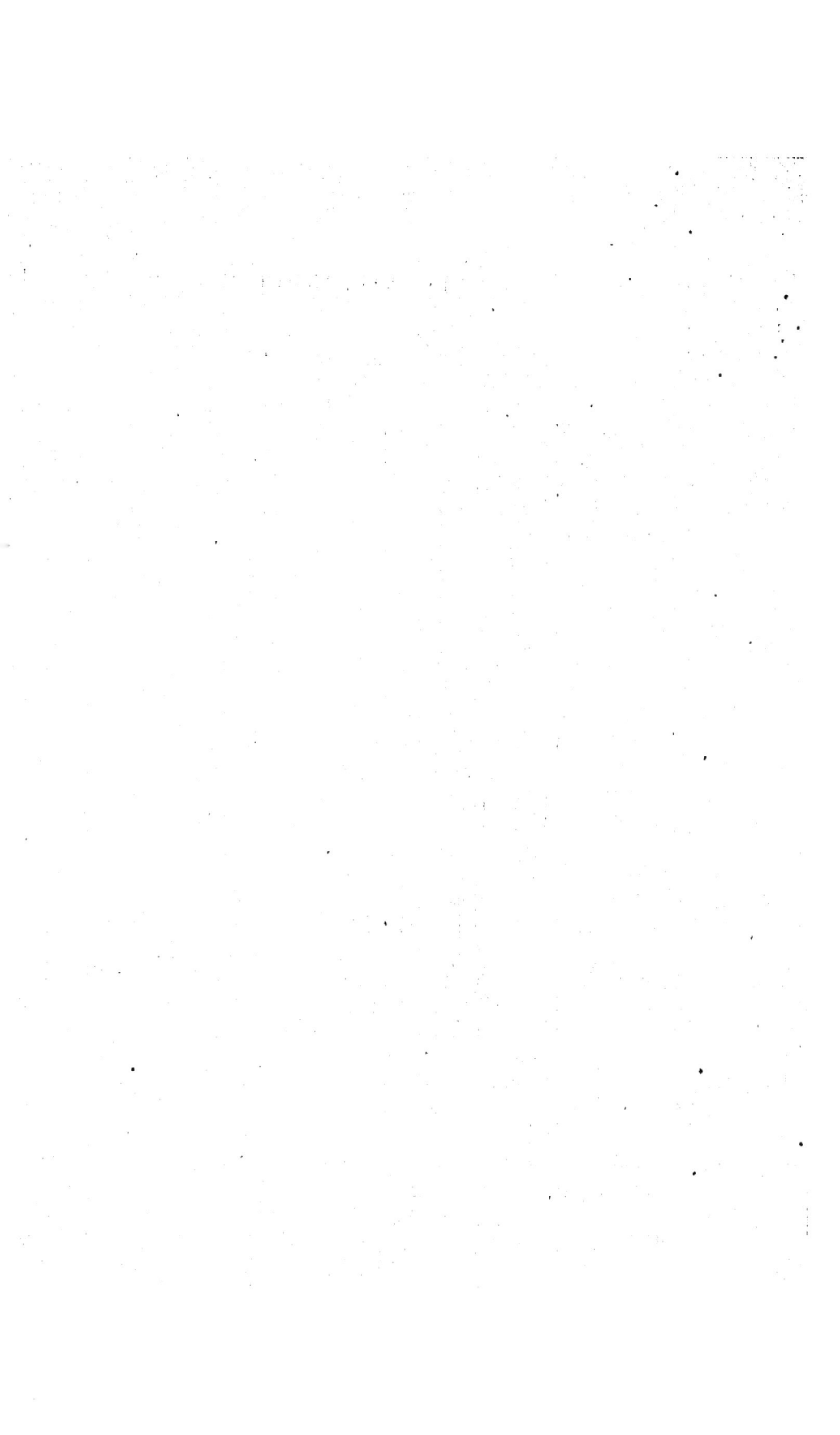

Fig 2.—Squelette de la tête.

Clavicule.

Omoplate.

Sternum.

Iliaque.

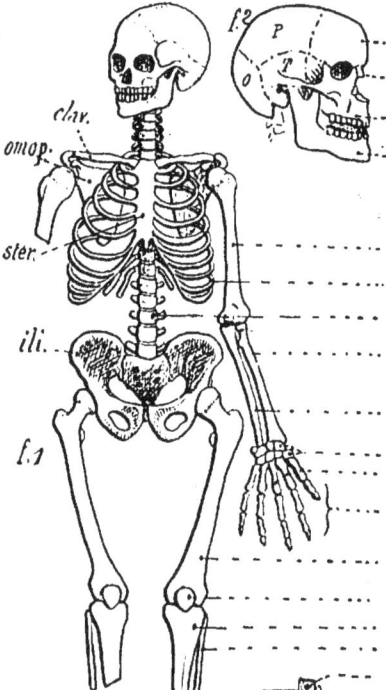

Fig. 3.—Trois vertèbres consécutives du milieu de la colonne vertébrale.

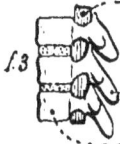

Fig. 4 — Muscle en extension.

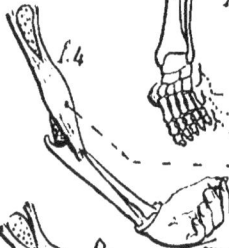

Fig. 5.—Muscle contracté.

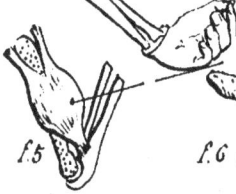

Fig. 6. — Vertèbre vue par dessus.

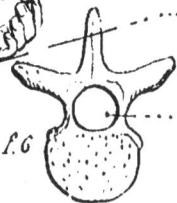

Fig. 1. — Coupe du crâne et de la colonne vertébrale montrant l'encéphale et la moëlle épinière.

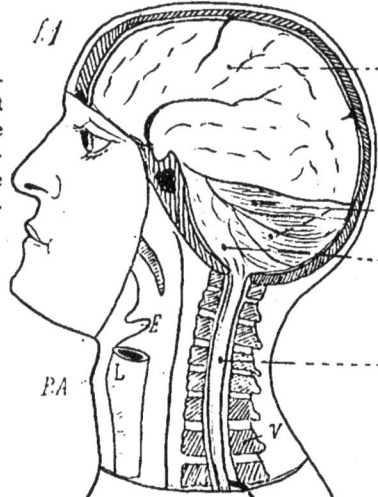

Fig. 2. — Ensemble du système nerveux.

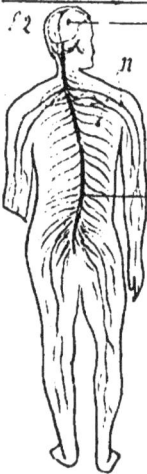

Fig. 3. — Terminaisons nerveuses dans la peau.

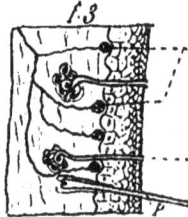

Fig. 1. — Lan-
gue, organe du
goût.

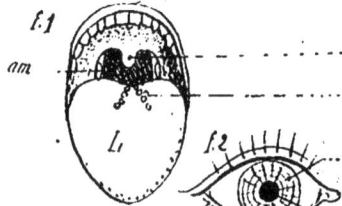

f.1

am

L

Fig. 2 — Œil
vu de face.

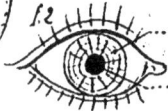

f.2

Fig. 3. — Œil
entier avec cou-
pure de la 1ʳᵉ
enveloppe.

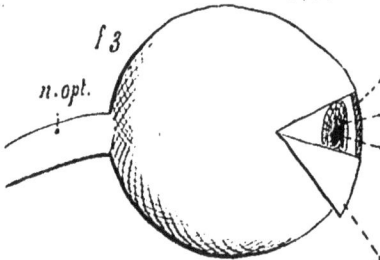

f 3

n. opt.

Fig 4. — Cou-
pe antéro-posté-
rieure de l'œil.

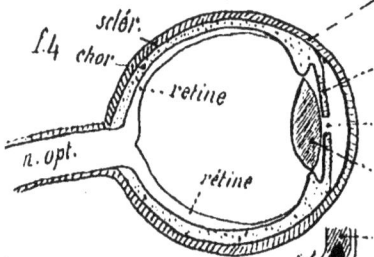

f.4

sclér.

chor.

rétine

n. opt.

rétine

Fig 5. — Cou-
pe montrant les
nerfs de l'odorat.

f 5

Fig. 6. — Cou-
pe schématique
de l'oreille.

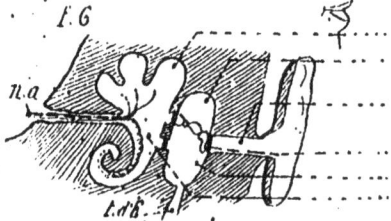

f. 6

n. a.

t. d'é.

Fig. I. — VA-
CHE.

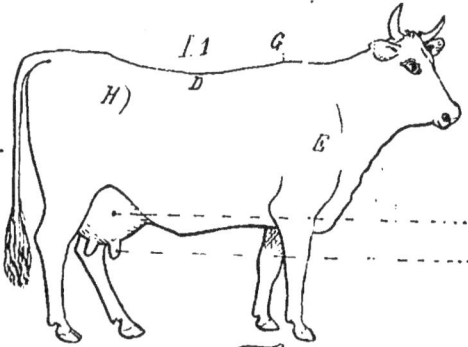

Fig 2 — Son
estomac à plu-
sieurs poches.

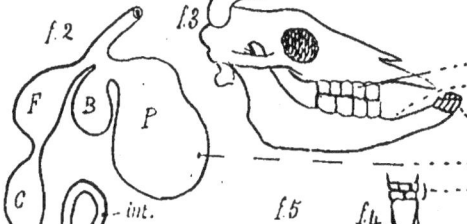

Fig. 3. — Sa
dentition.

Fig.4. — Sque-
lette de son pied.

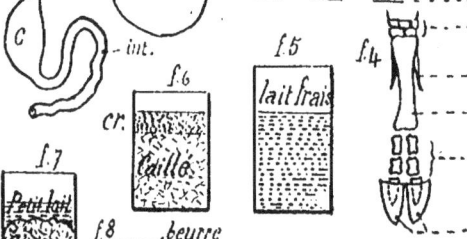

Fig 6. — Dé-
composition du
lait.

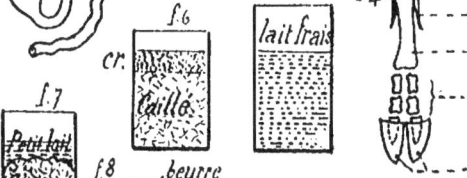

Fig. 7. — Dé-
composition du
caillé.

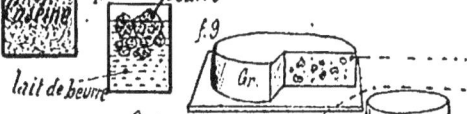

Fig 8. — Dé-
composition de
la crème

Fig. 9. 10 —
Fromages du
commerce.

QUELQUES RU-
MINANTS : mou-
tons, bouc. gi-
rafe, chameau,
renne, cerf.

(f.1) Groupe   Dos   Garrot   Crin.

hanche

flanc

C

Jarret

V   chat.

C
B
P
S

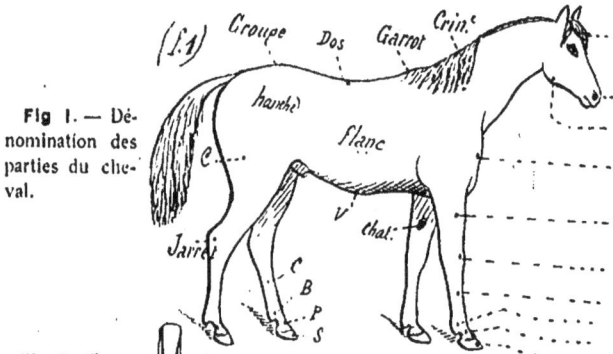

Fig I. — Dénomination des parties du cheval.

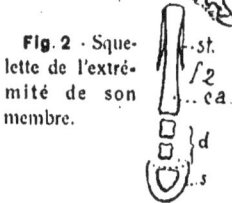

Fig. 2 · Squelette de l'extrémité de son membre.

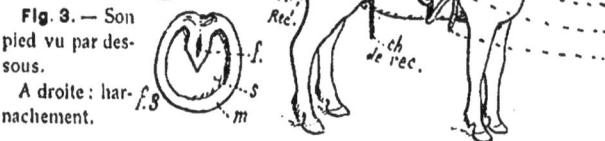

st.
f.2
ca
d
s

Fig. 3. — Son pied vu par dessous.
A droite : harnachement.

Cr.   S   C

Rec.

ch de rec.

f.
f.3   s
m

Fig. 4. — Sa dentition

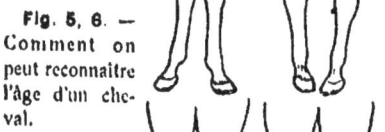

panard   cagneux

f.7   f.8

f.4

Fig. 5, 6. — Comment on peut reconnaître l'âge d'un cheval.

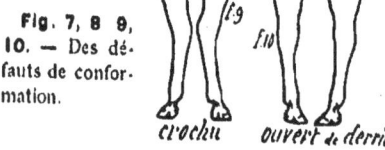

f.5
2 ans

Fig. 7, 8 9, 10. — Des défauts de conformation.

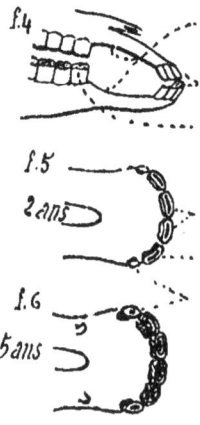

f.9
f.10

crochu   ouvert de derrière

f.6
5 ans

Fig.1.— Patte de tigre.

Fig 2.— Dentition d'un carnivore.

Carnivores nuisibles.

Carnivores aquatiques (marins).

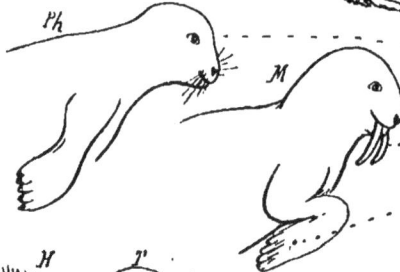

Hérisson et taupe.

Fig 3 — Dentition des insectivores.

Chauve-souris.

Rat,

Lapin.

Fig.4 — Dentition d'un rongeur,

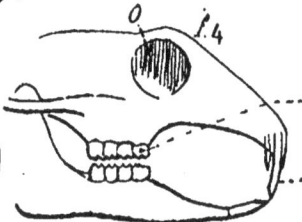

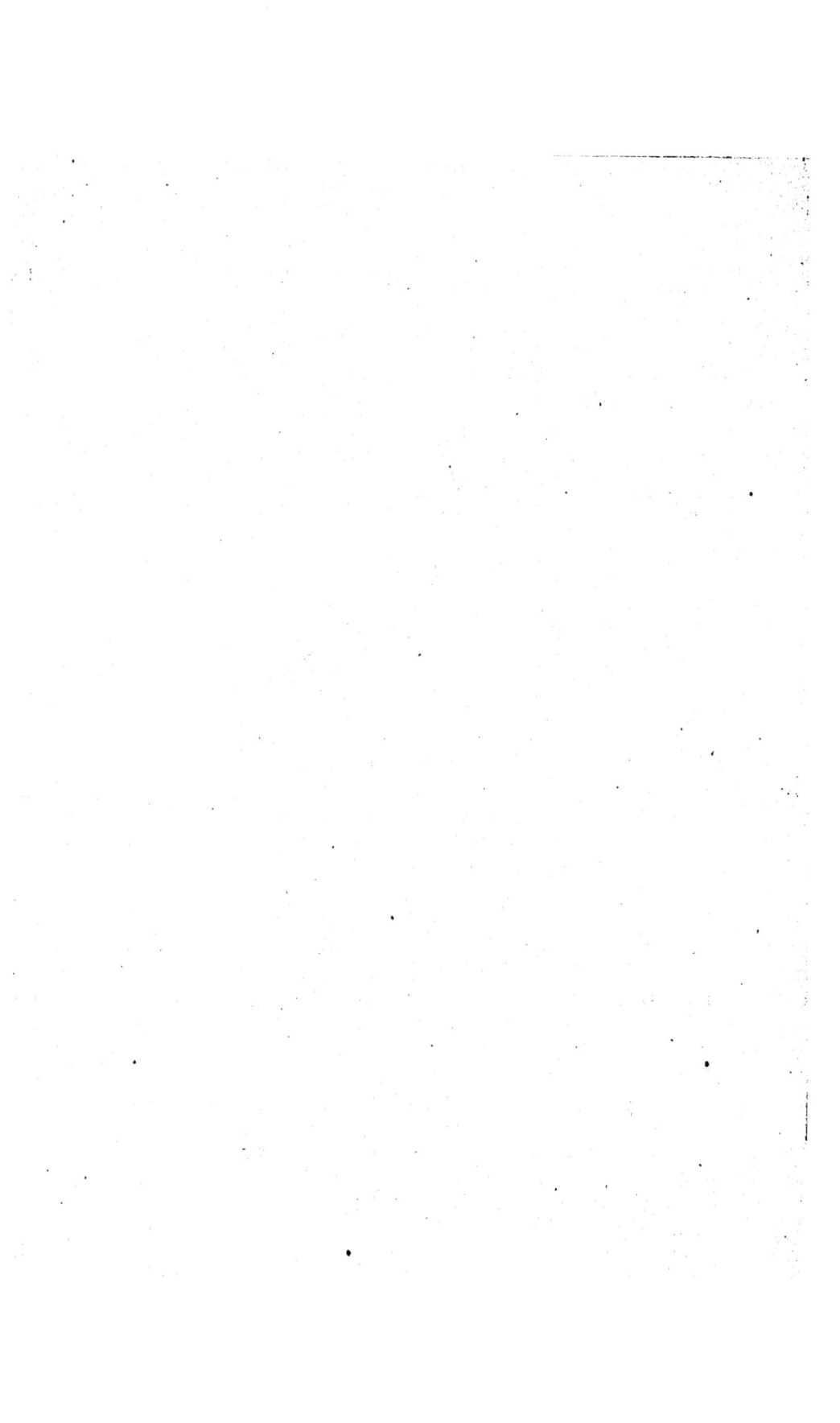

Fig. 1. — Coupe en long d'un œuf.

Fig. 2 — Oiseau. Squelette de l'aile et tube digestif.

Fig. 3. — Patte d'un percheur.
Fig. 4 — Patte d'un gratteur (poule).

Fig. 5, 6. — Bec et patte d'un oiseau de proie.

Fig 7. 8. — Bec et patte du perroquet (grimpeur).
Fig. 11, 12. — Bec et patte d'un palmipède.
Fig 9. — Bec d'un insectivore.
Fig 10. — Bec d'un granivore.
Fig. 14 -- Couveuse artificielle

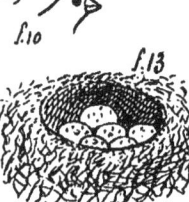

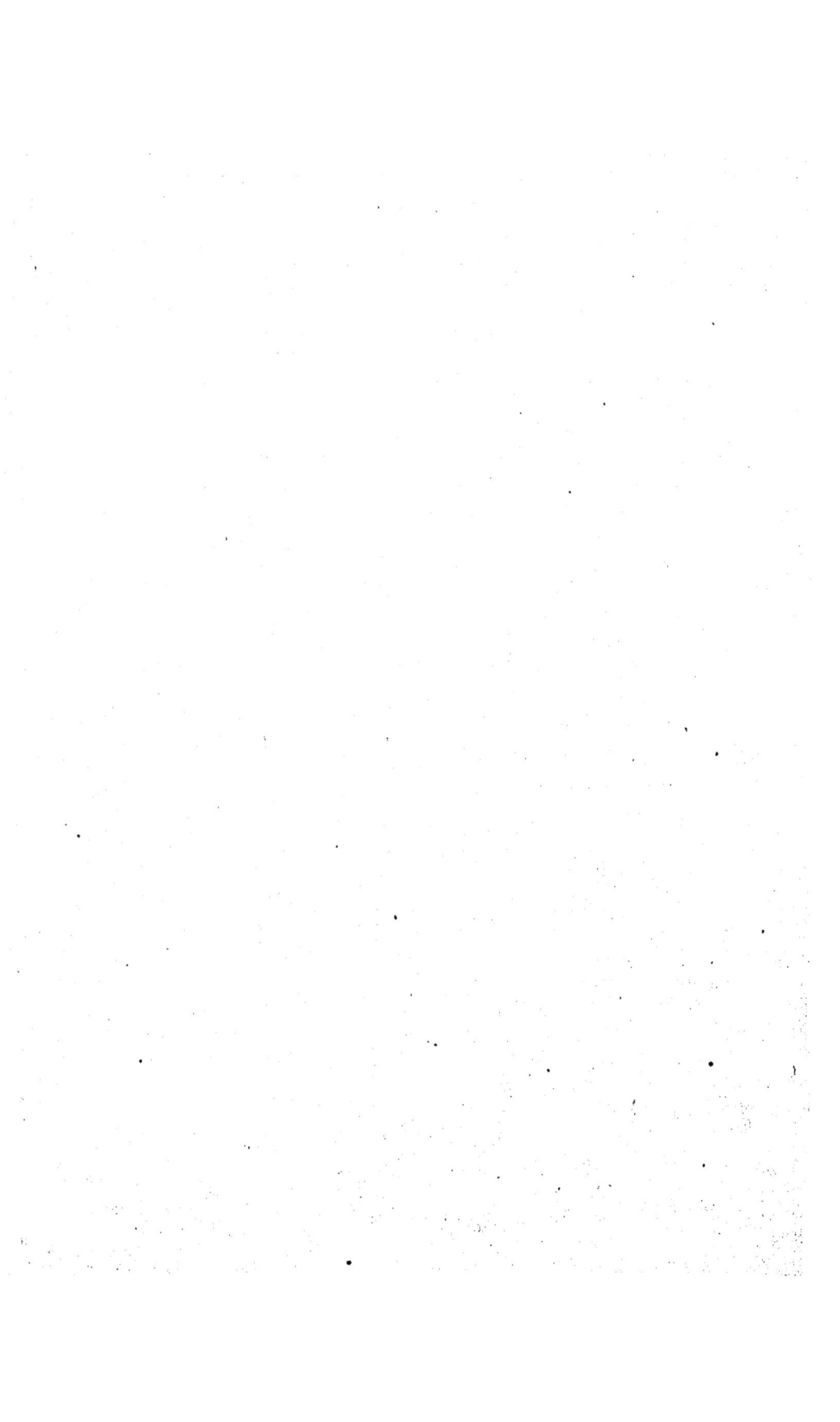

REPTILES ET BATRACIENS

Lézard
(Saurien).

Serpent
(Ophidien).

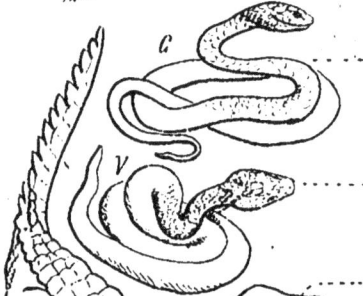

Crocodilien.

Tortue
(Chélonien).

Grenouille, ses
œufs et son té-
tard dans l'eau.

Crapaud.

Salamandre.

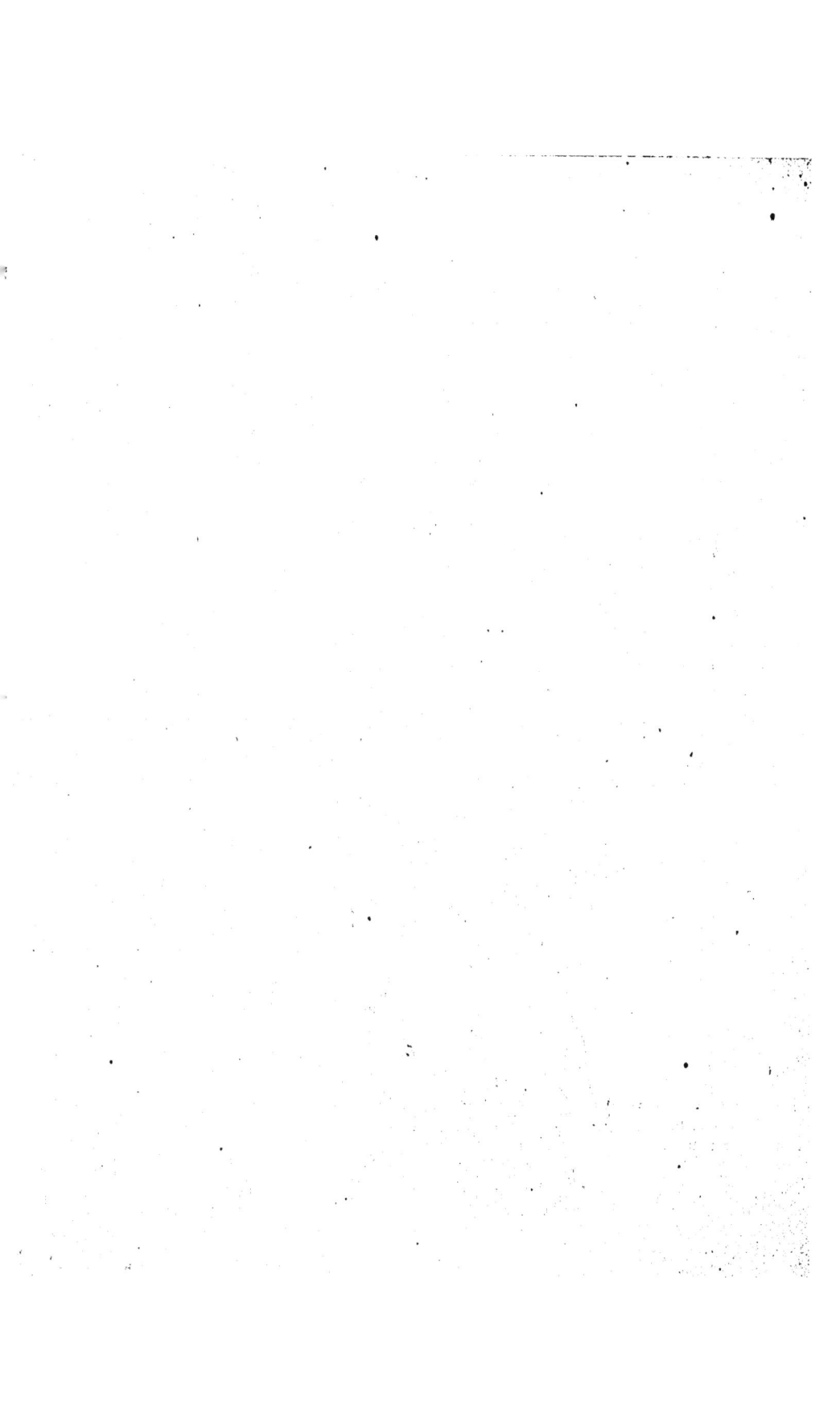

Fig I.—Branchies et tube digestif d'un poisson.

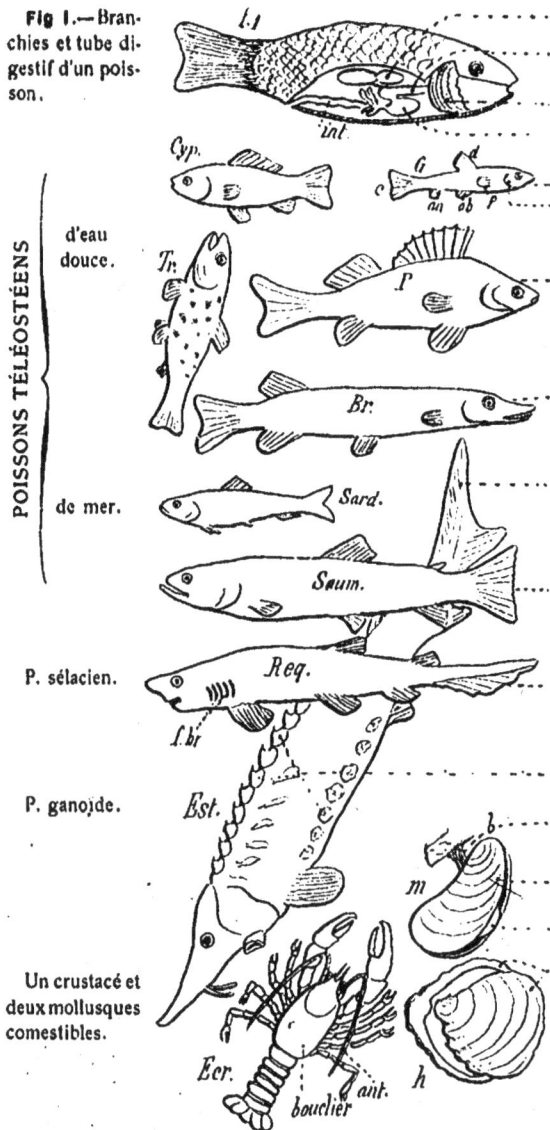

l.1

int

Cyp.

G *d*
c *an* *ob* *P*

POISSONS TÉLÉOSTÉENS

d'eau douce.

Tr.

P.

Br.

de mer.

Sard.

Saum.

P. sélacien.

Req.

f.br

P. ganojde.

Est.

b

m

Un crustacé et deux mollusques comestibles.

Ecr.

bouclier *ant.*

h

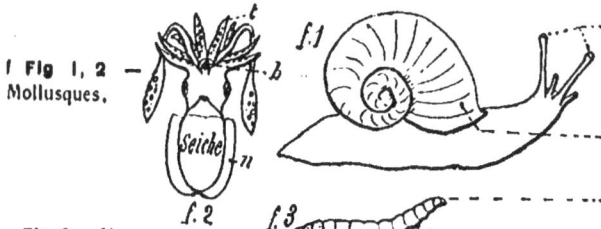

LES INVERTÉBRÉS

I Fig 1, 2 —
Mollusques.

f.1

f.2

Fig. 3. — Ver.

f.3

m. n. l. — Mé-
tamorphoses de
l'insecte.

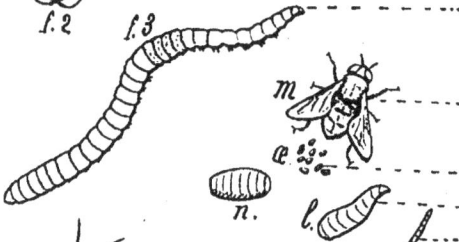

m

œ

n.

l.

Fig 8 — Sché-
ma d'un insecte.

f.9

Fig. 9. — My-
riapode.

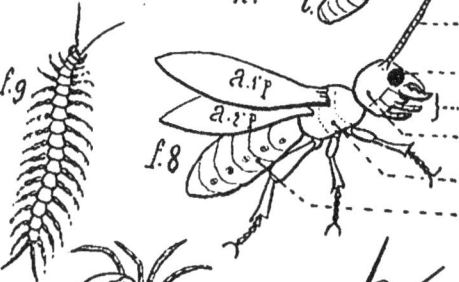

a.¹p

a.²p

f.8

Fig. 10. —
Arachnide.

Fig. 11. —
Crustacé (arti-
culé aquatique).

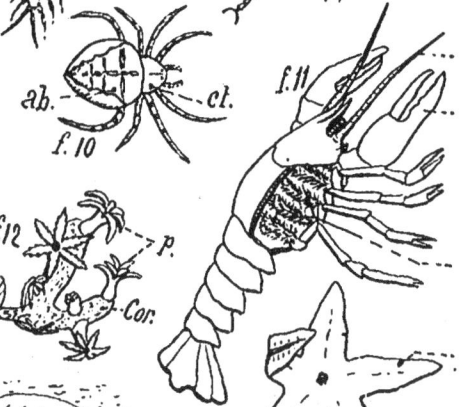

ab.

cl.

f.11

f.10

Fig 12,13. —
Polypes.

f.12

P.

Cor.

Fig. 14. —
Echinoderme.

f.13

f.14

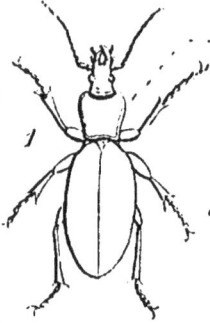

Fig 1. — Ca-
rabe.
Fig. 2. — Ci-
cindèle.

Fig. 3. — Coc-
cinelle.

Fig. 4. — Ca-
losome.

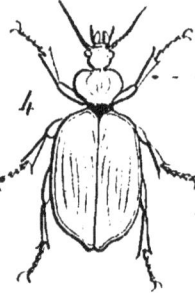

Fig. 5 — Né-
crophore.

Fig. 6 — Sta-
phyllin.
Fig. 7. — Ver
luisant.

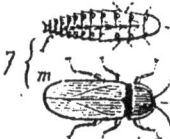

Fig. 8 — Man-
te religieuse.

Fig 9. — Ich-
neumon.

Fig. 10. — Li-
bellule.

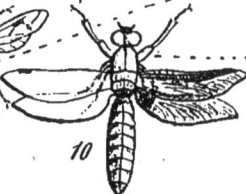

Fig. 1.—Cour-
tilière.

Fig. 2 — Cri-
quet.

Fig. 3.—Han-
neton.
N sa nymphe.
L sa larve.

Fig. 4.— Cha-
rançon.

Fig. 5.— Bru-
che du pois.

Fig. 6.—Guê-
pe.

Fig. 7. — Py-
rale de la vigne.

Fig 8.—Four-
mi.

Fig. 9.—Mou-
che.

Fig. 10. —
Teigne.

Fig. 11. —
Phylloxéra.

Fig. 12. —
Puce.

Fig. 13. —
Punaise.

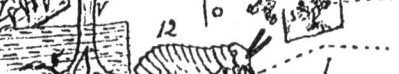

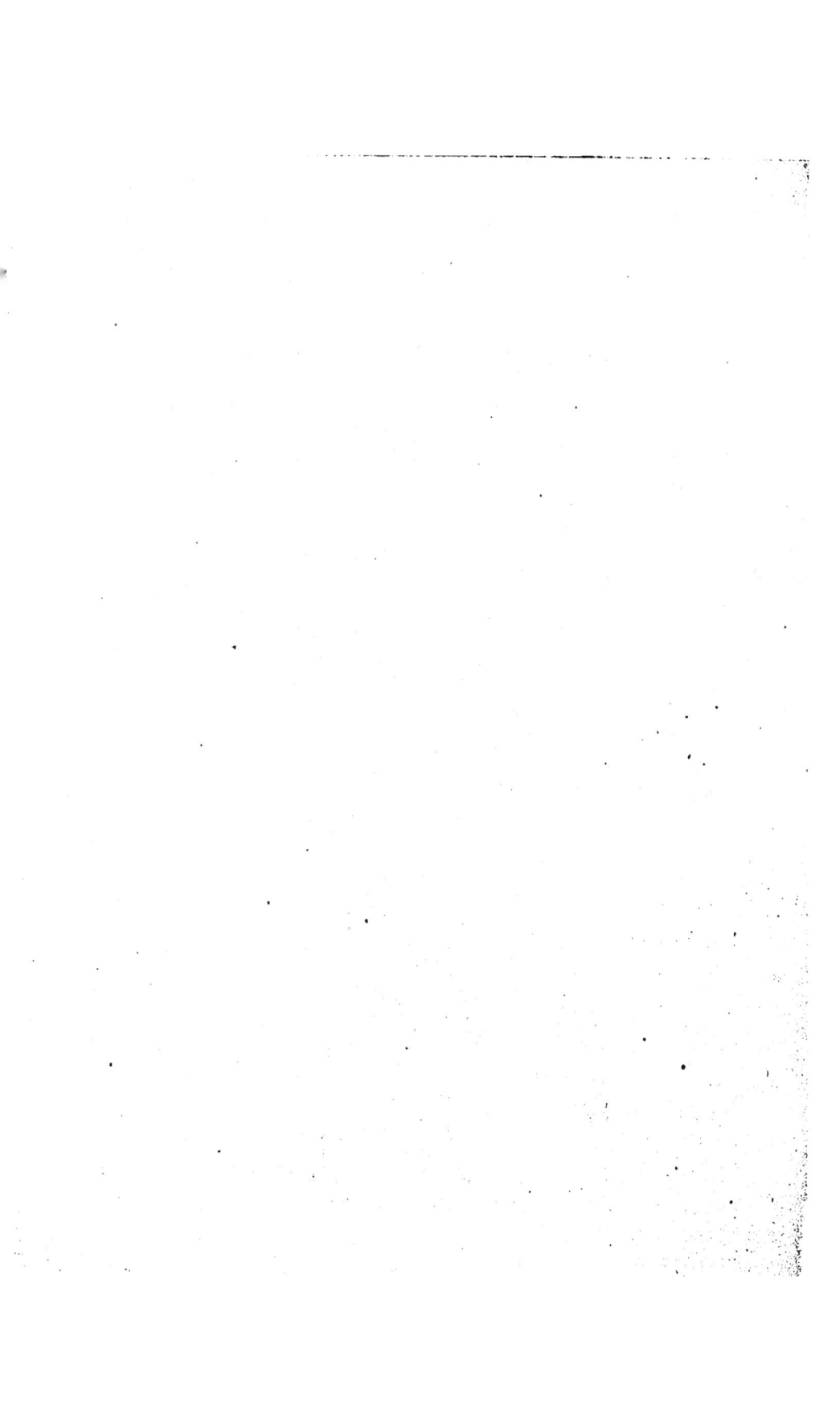

Fig. 1, 2. — Champignons.

Fig. 3. — Germination des spores.

Fig. 4 — Moisissure et un sporange grossi.

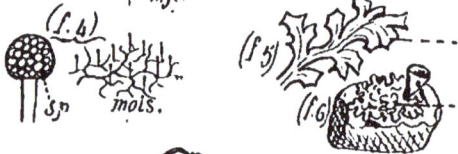

Fig. 5, 6. — Lichens.

Fig 9. — Sporange de mousse

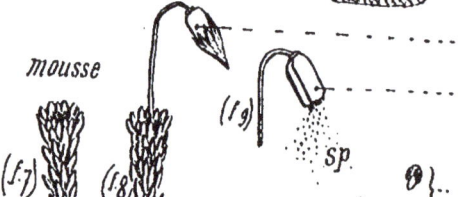

Fig. 10. — Germination des spores.

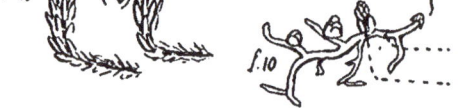

Fig. 11, 12. — Fougères.

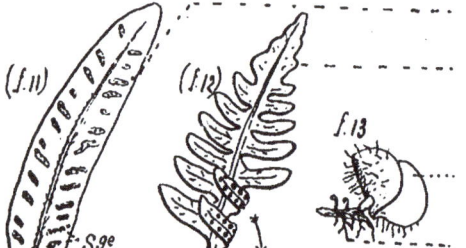

Fig. 14 · Spore germant.

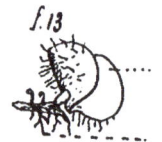

Fig. 13. — Développement de la tige sur le produit de la spore.

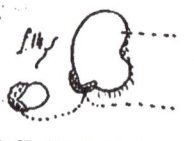

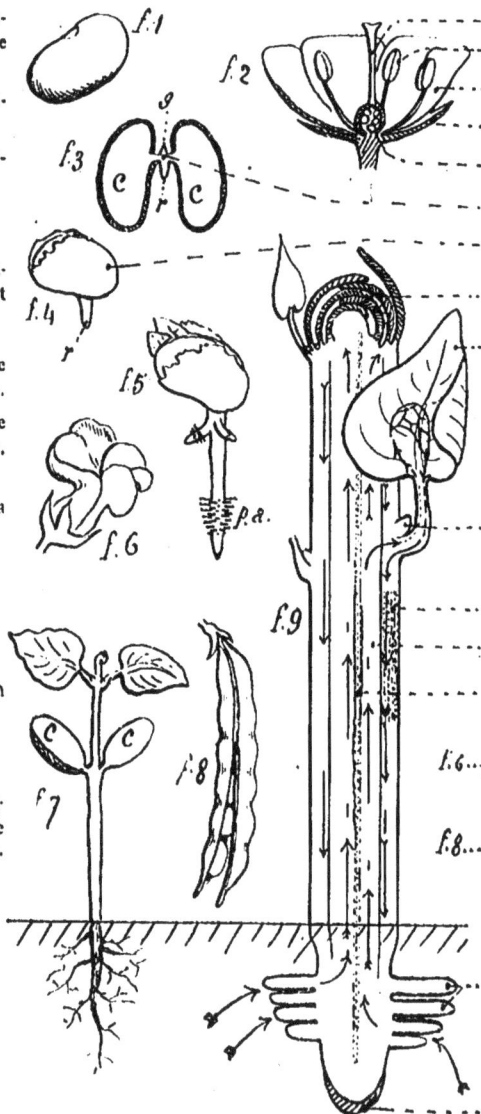

Fig. 2 — Coupe médiane d'une fleur.

Fig. 1. — Haricot.

Fig. 3. — Haricot ouvert.

Fig. 4. — Haricot germant (1re phase).

Fig. 5. — Le même, 2e phase.

Fig 7. — Le même, 3e phase.

Fig. 6. — Sa fleur.

Fig. 8. — Son fruit.

Fig. 9. — Schéma d'une plante entière. Circulation de la sève.

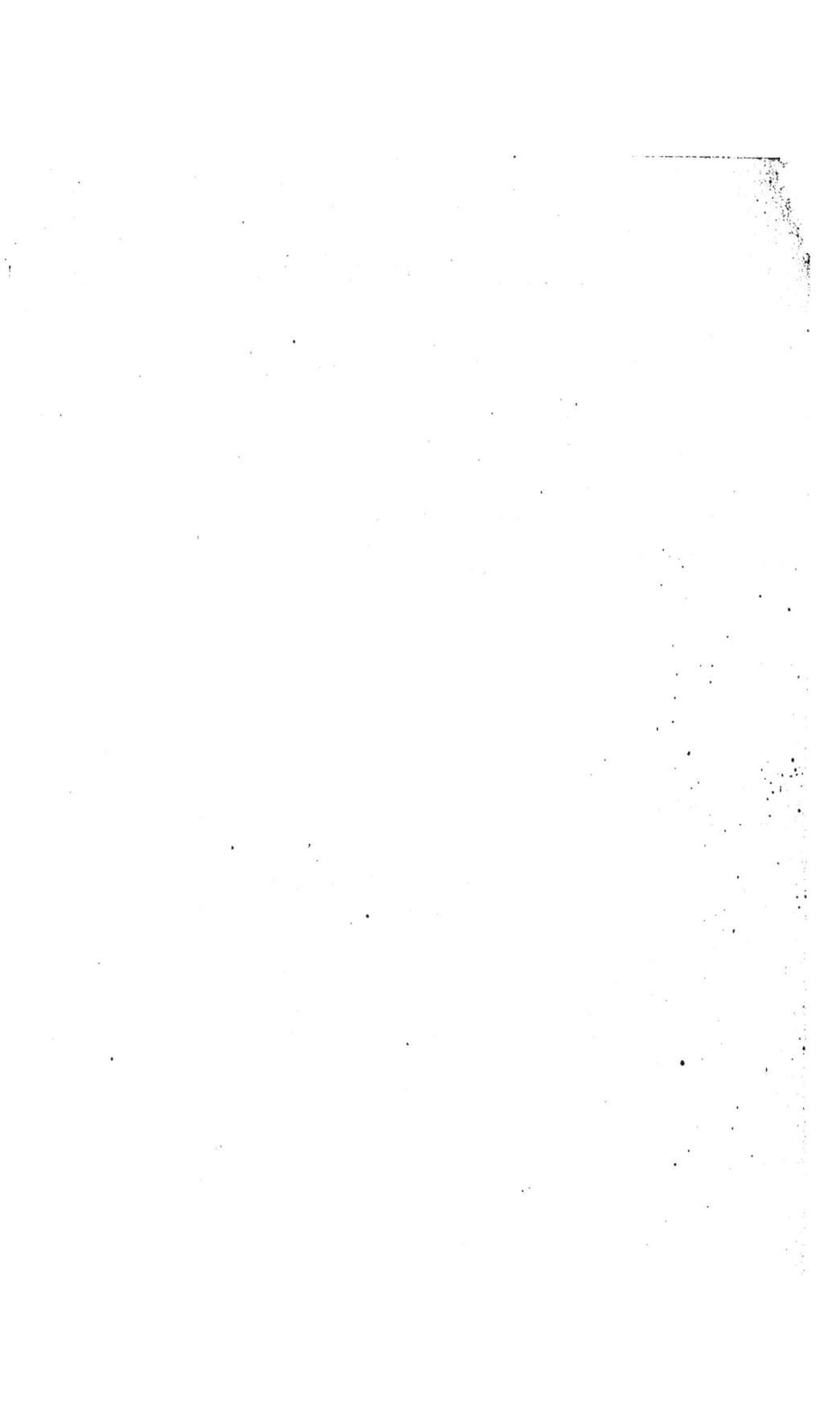

Fig 1, 2, 3, 4. — Colza : inflorescence, fleur fruit.

I' Base de la plante.

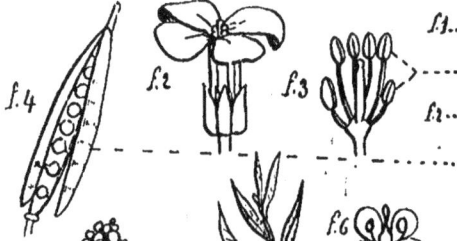

Fig 5 6, 7 — Olivier

Fig 8, 9 — Cameline cultivée.

Fig 10 — Pavot œillette.

Fig. 11. — Tête de pavot somnifère.

n. — Navet.

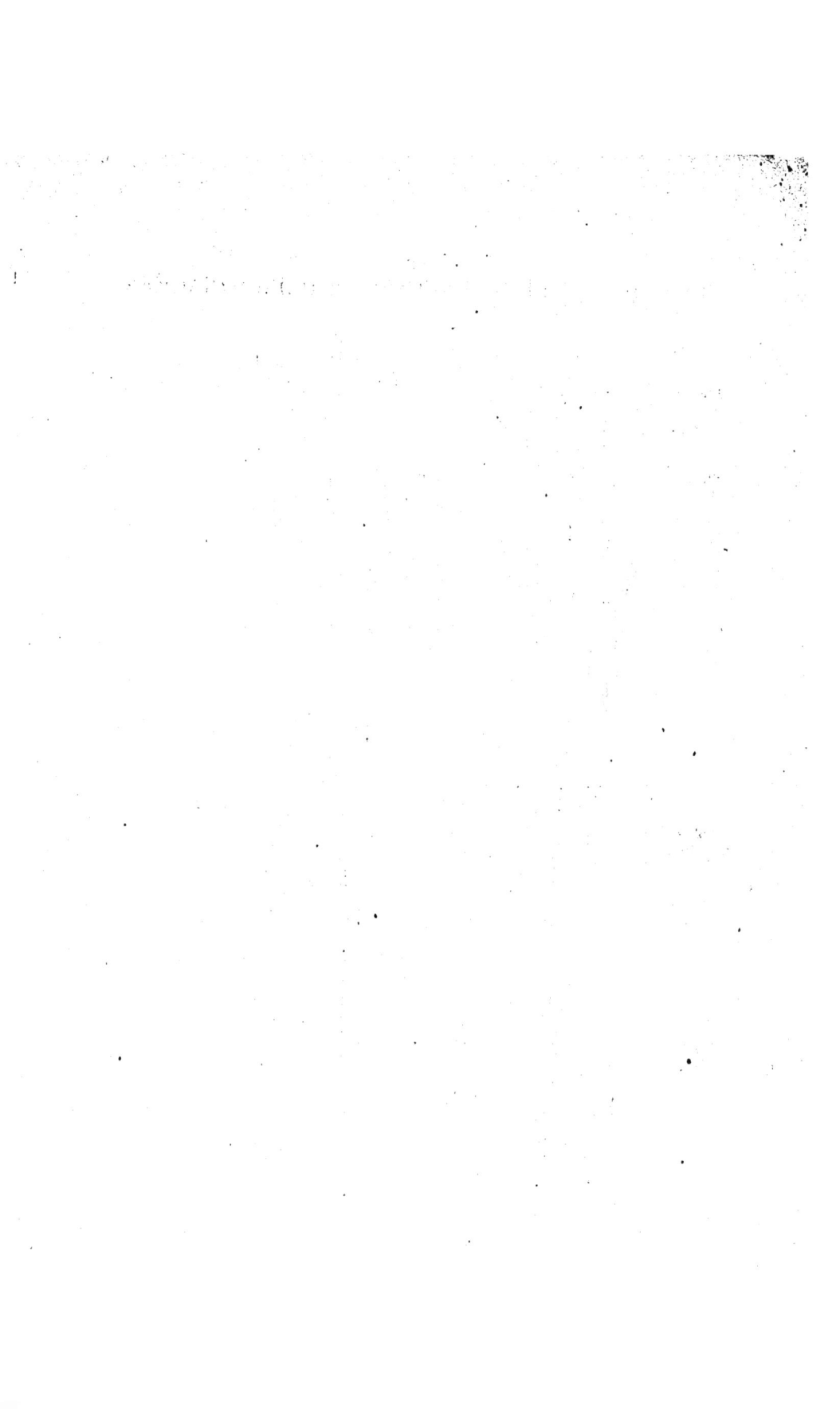

Fig 1. — Lu-
zerne cultivée.
Fr. Son fruit.

Fig 2 — Pois:
feuille, stipule,
fleur.

Fig. 3. — Cou-
pe en long de sa
fleur.

Fig. 4. — Trè-
fle cultivé.

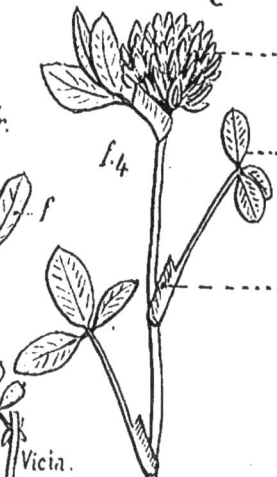

Fig. 5.— Vesce
cultivée, racines
et nodosités.

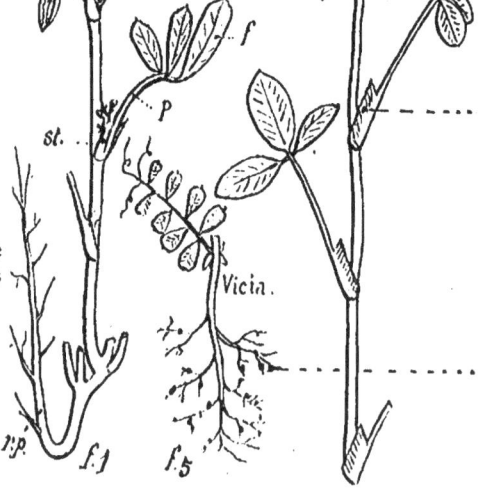

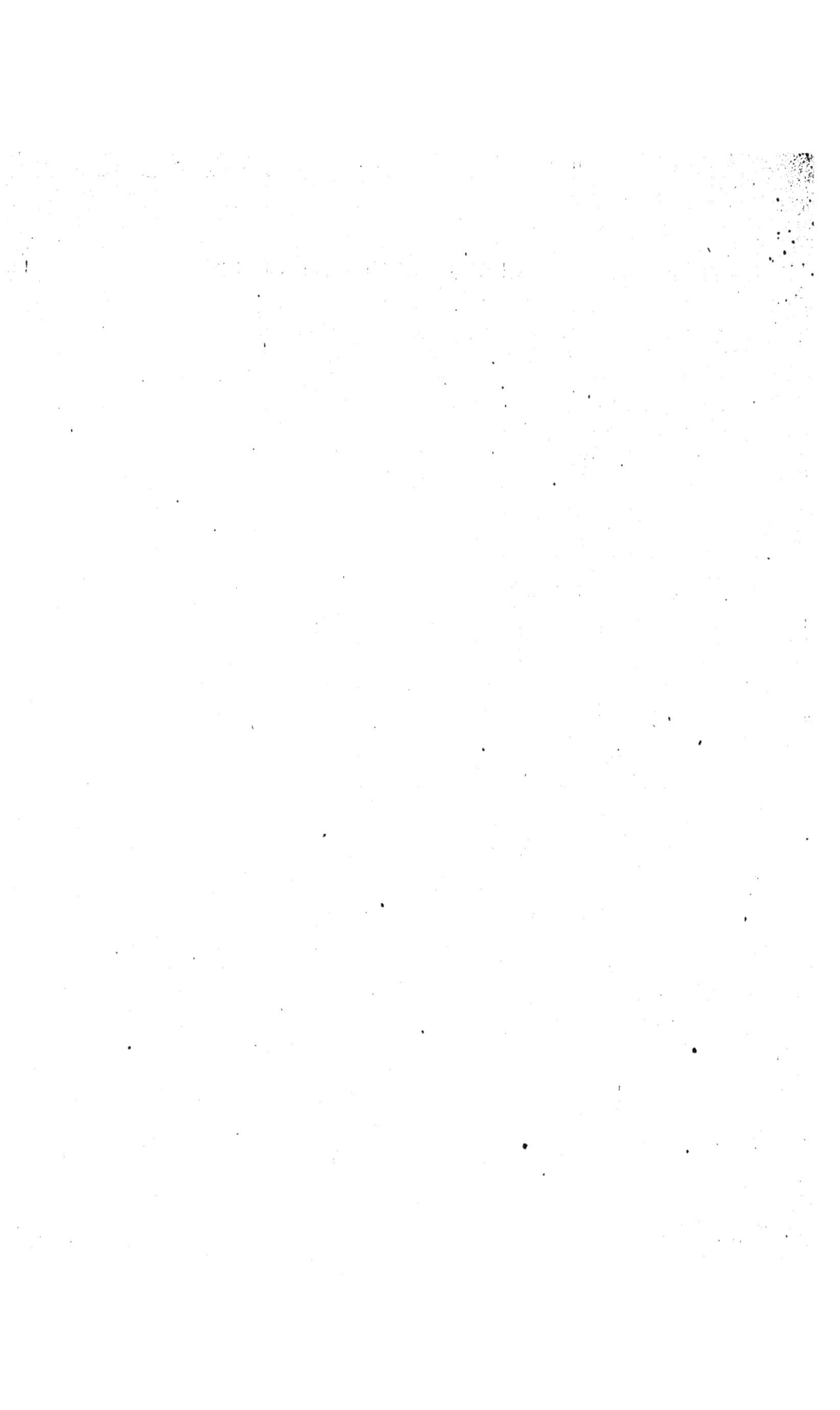

Fig 2. — Ta-
bac.

Fig. 3. — Di-
gitale.

Fig 4 — Bel-
ladone.

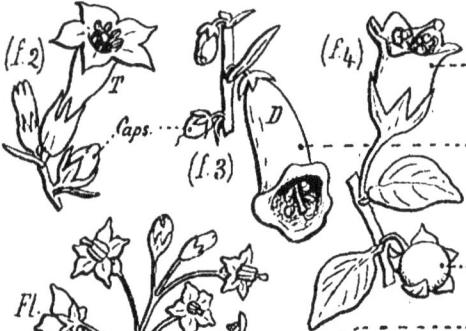

Fig. 1.—Plan-
te entière de
pomme de terre

Fig. 5 — Fleur
de lis.

Fig 5'. — Base
de la tige et bul-
be du lis.

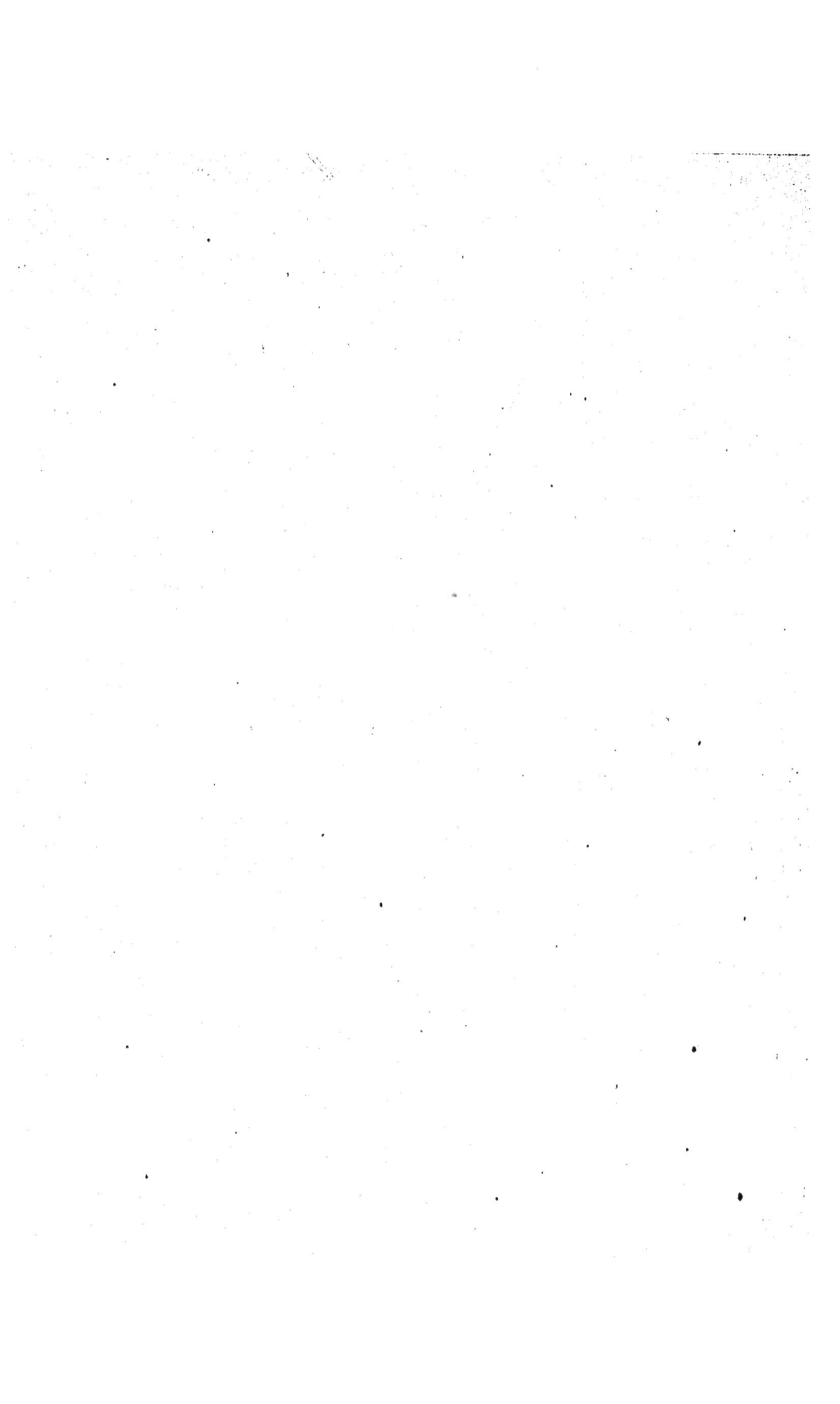

Fig 1.—Grain de blé entre ses glumes

Fig. 2 — Le même coupé en long.

Fig. 3, 4, 5. — Sa germination.

Fig. 6. — Épi du blé fleuri.

Fig. 8'.—Base de sa tige.

Fig. 7. — Épi atteint du charbon.

Fig.8.—Sommité d'une plante de maïs.

Fig. 8'. — Sa base portant 2 épis.

Fig. 9. — Avoine.

gl.
f.1
e.
f.2
g.
f.3
r.
f.6
f.4
f.7
ét.
f.8
charbon
p.a.
c.
b.
f.5
r.
f.9
f.8'
r.
f.6

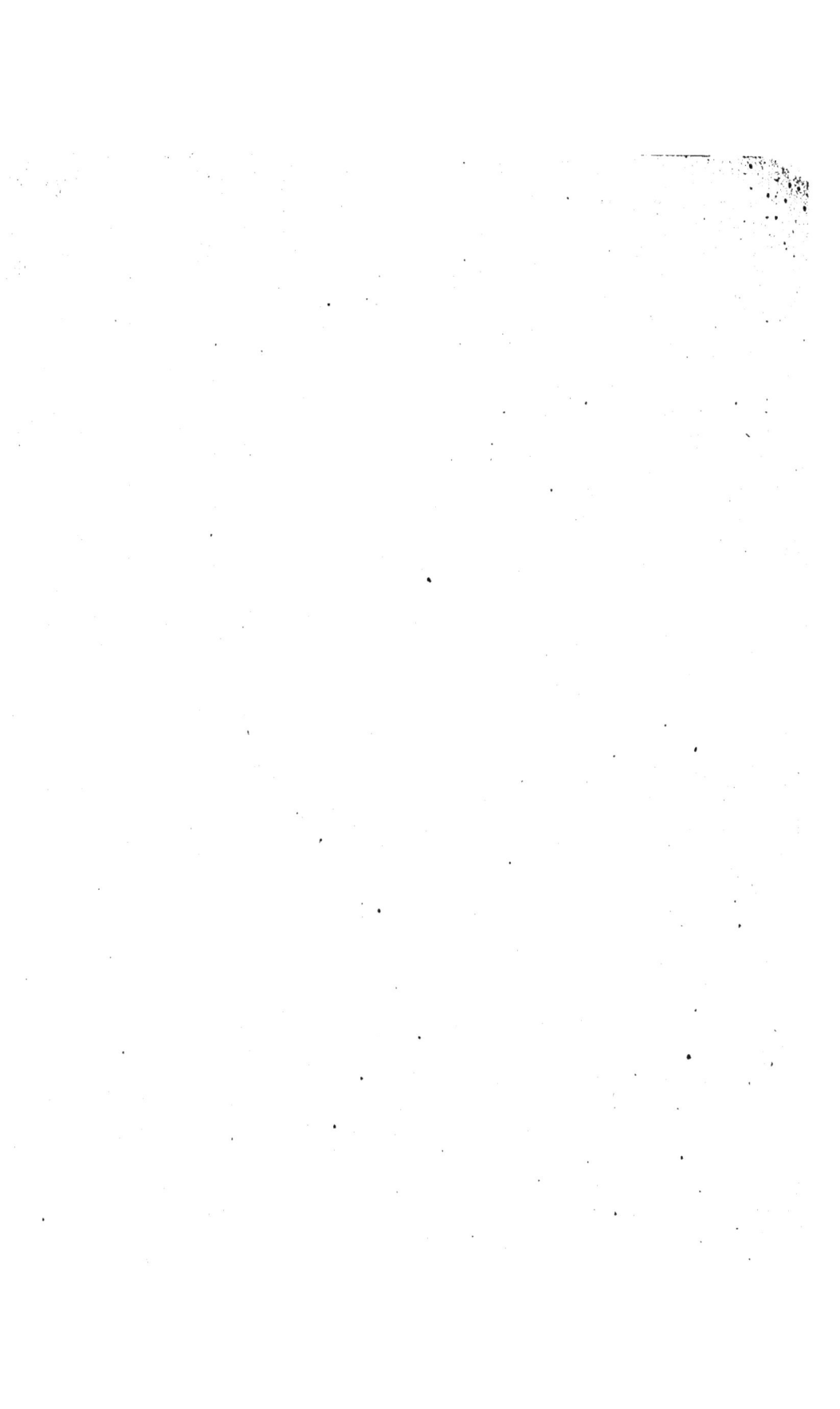

Fig. 1. —
Chanvre mâle.

Fig. 4. —
Chanvre femelle

Fig 3. — Tige
cassée de chan-
vre.

Fig. 2. — Lin.

Fig. 5. — Co-
tonnier.

Grande - Mar -
guerite.

Fig. 6. — Ca-
pitule.

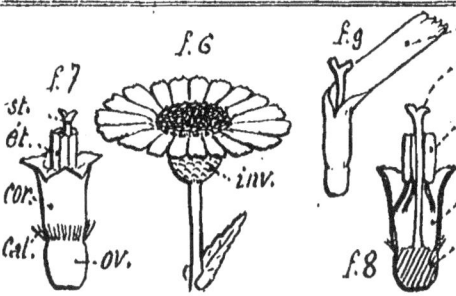

Fig 7. — Fleur
du centre.

Fig 8. — La
même coupée en
long.

Fig. 9. — Fleur
du pourtour.

f.1

f.2

f.3

f.4

f.5

f.6

f.7

f.9

f.8

st.
ét.
cor.
cal.
ov.
inv.

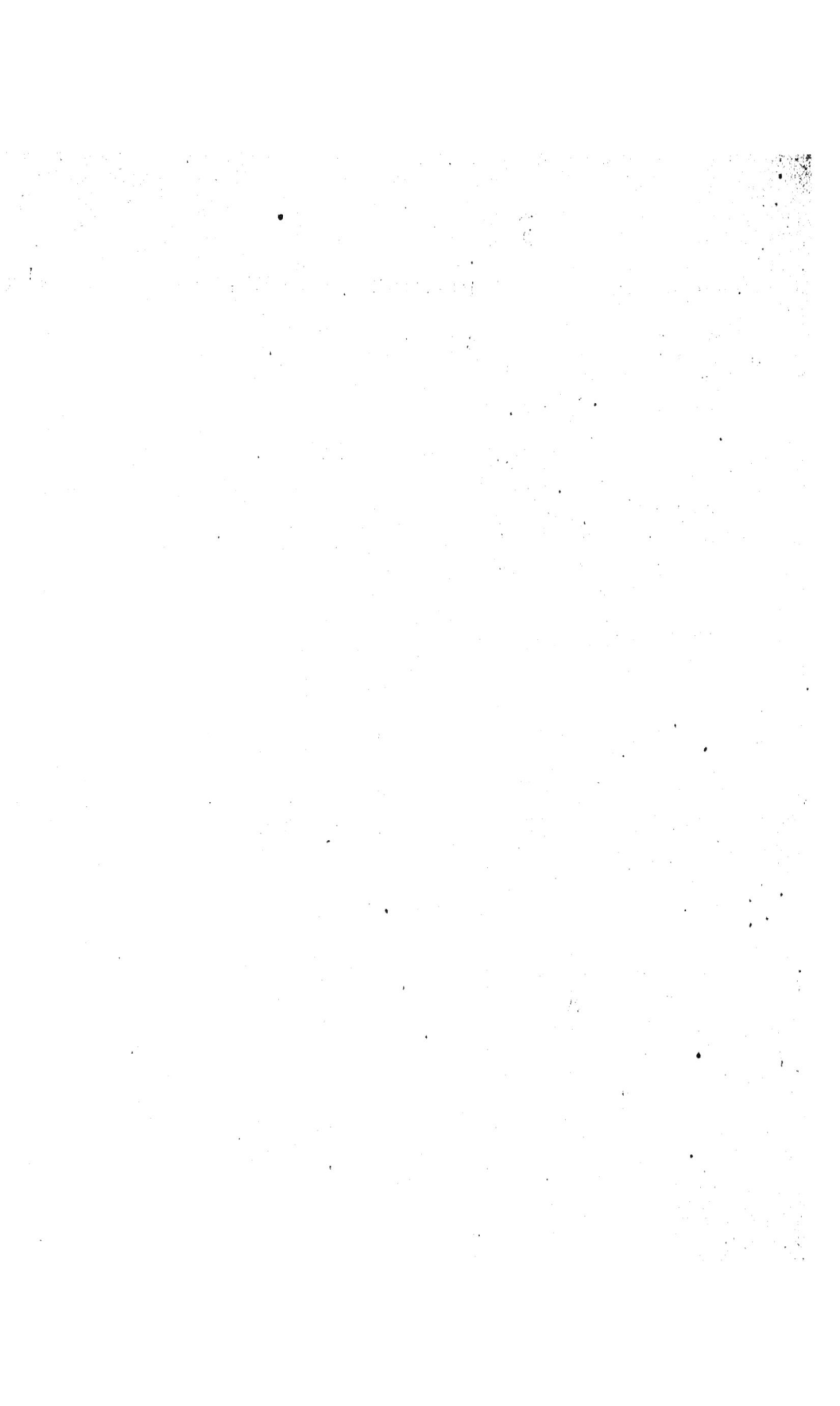

Pommier :
Fig 1, 2. —
Fleur.
Fig. 3, 4. —
Fruit.

Fig. 5, 6. —
Pêcher.

Fig. 7. — Ce-
risier.

Fig. 8. — Cou-
pe d'une aman-
de.

Fig. 9, 10. —
Prunes.

A. B. C. —
Greffe en fente.

D. E. — Greffe
en couronne.

F. G. H. I. —
Greffe en écus-
son.

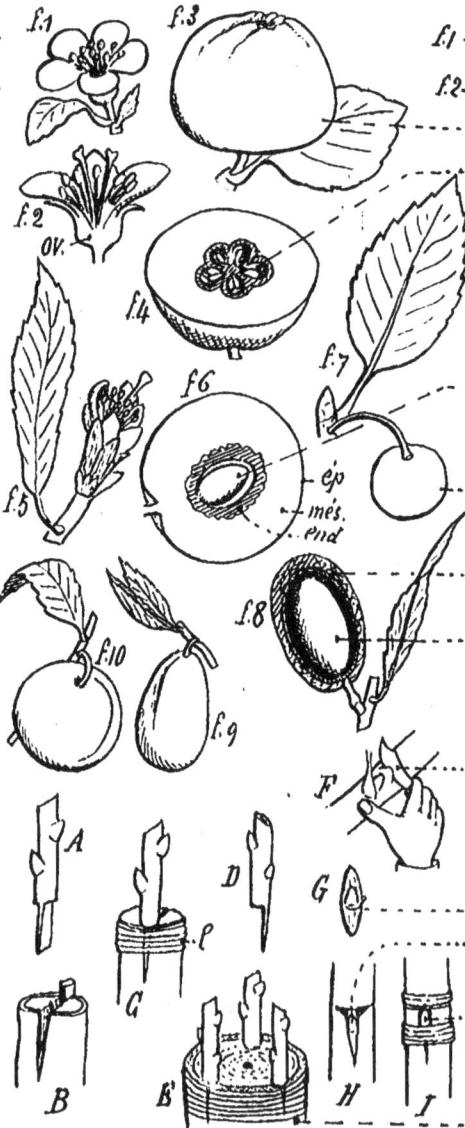

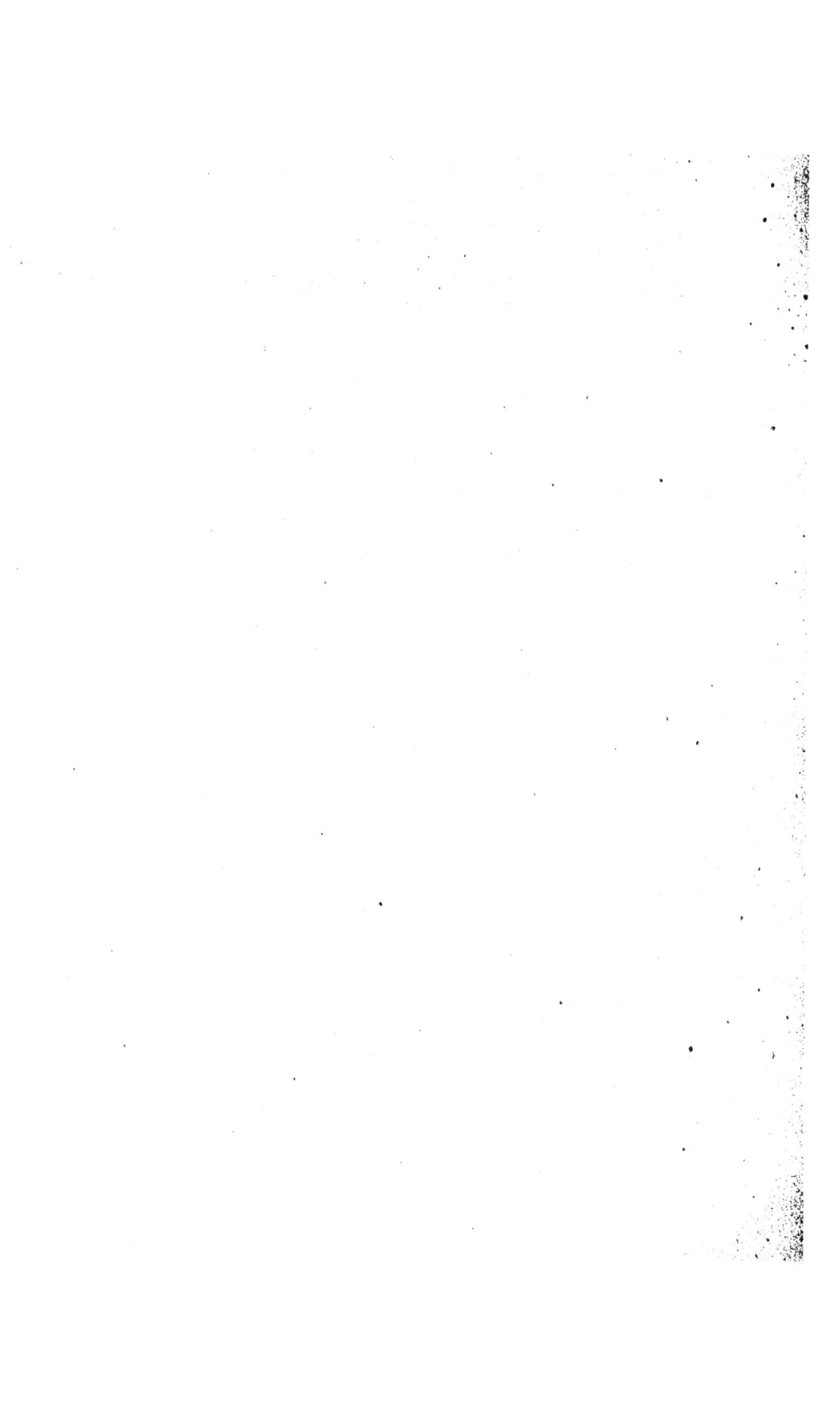

Fig. 1. — Jeune rameau.

Fig. 2, 3, 4 — Fleur.

Fig 6. — Raisin à maturité.

Fig. 7, 8. — Avant et après la taille.

Fig. 9. — Taille longue et provignage.

Fig. 10. — Bouture.

Fig. 11, 12, 13. — Greffe.

Fig 14. — Racines phylloxérées.

Fig. 15. — Oïdium.

Fig. 16, 17. — Mildiou.

Fig. 18. — Black-rot.

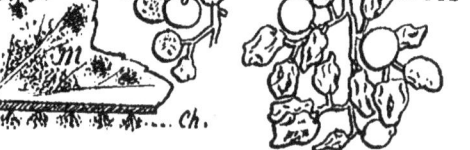

(f. 1)   (f. 2)   (f. 3)   (f. 4)

(f. 5)   (f. 6)   (f. 7)

(f. 9)   (f. 8)

(f. 14)   (f. 10)   (f. 11)

(f. 15)   (f. 12)   (f. 13)

(f. 16)

(f. 17)   (f. 18)

m ... Ch.

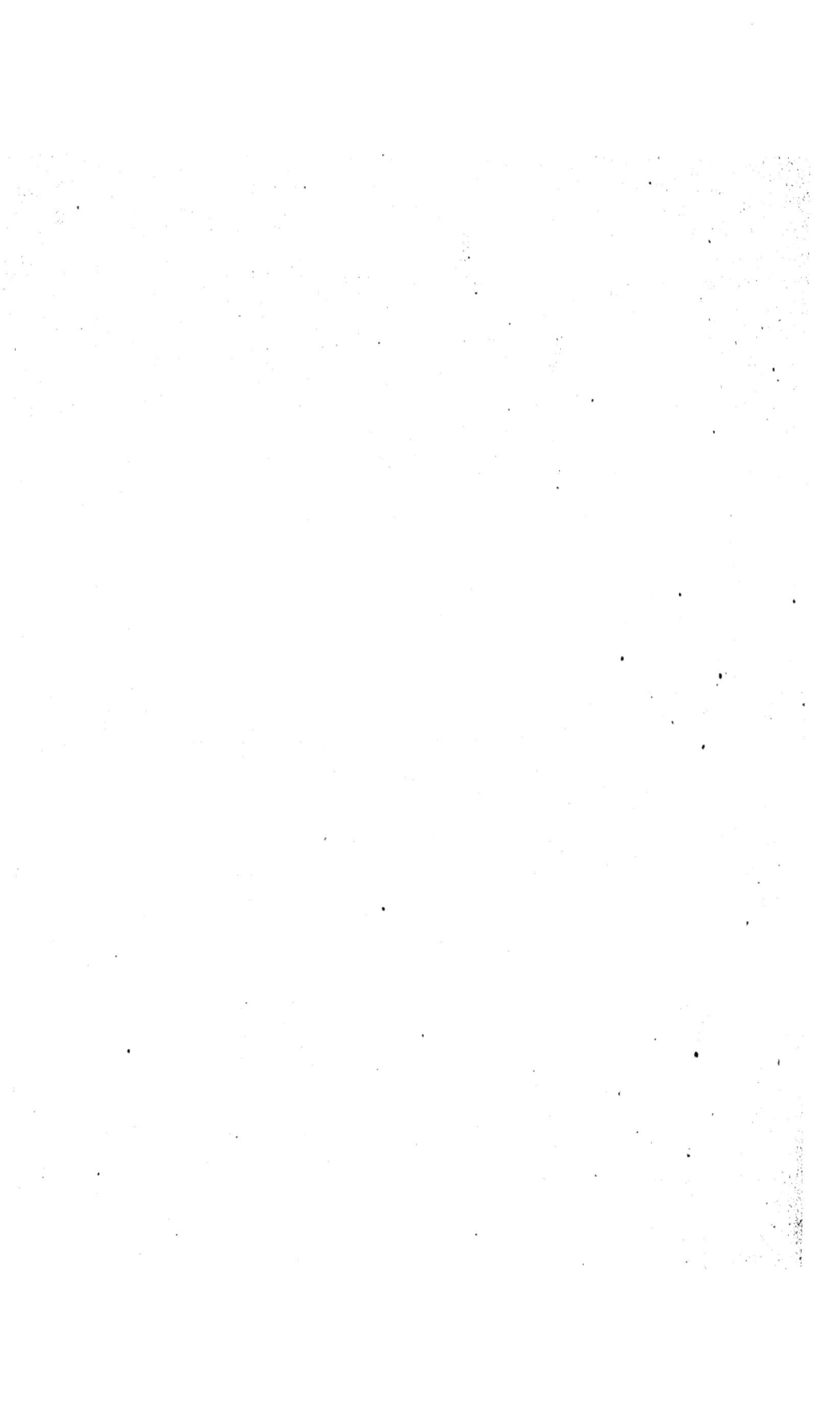

Chêne.

Châtaigner.

Coupe d'un
tronc.

Sapin et pin.

Hêtre.

Frêne.
Acacia Robi-
nier.

Bouleau.

Erable,

Orme.

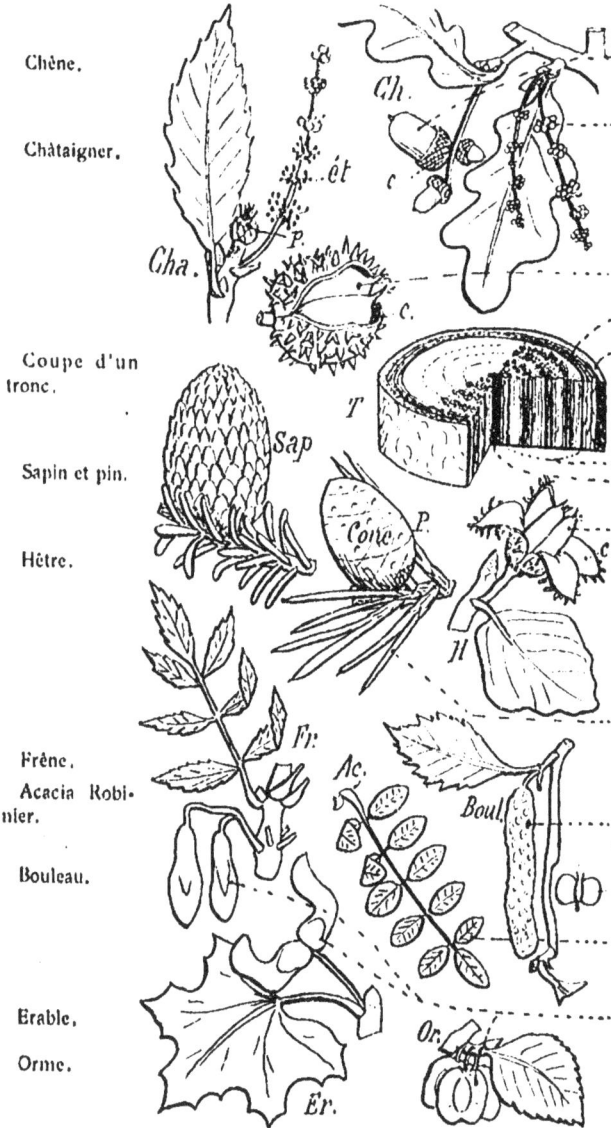

Phase soleil.

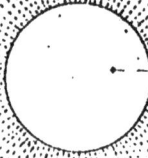

Début de l'état,
planétaire.

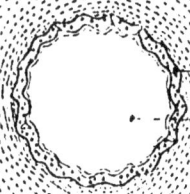

Formation des
mers.

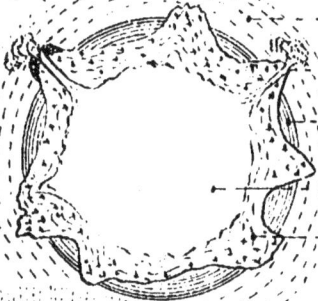

Etat actuel de
la planète.

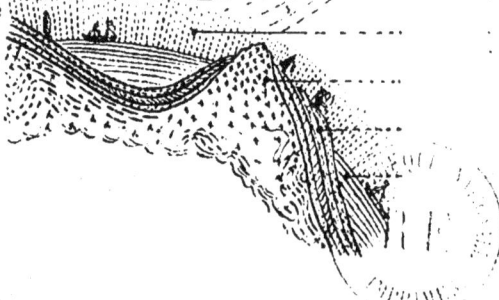